沙拉·便当·常备菜·甜点·果酱的
美好饮食提案

—

玻璃罐料理

许凯伦·爱米雷·欧芙蕾·水瓶·款款手作厨房 著　王正毅 摄影

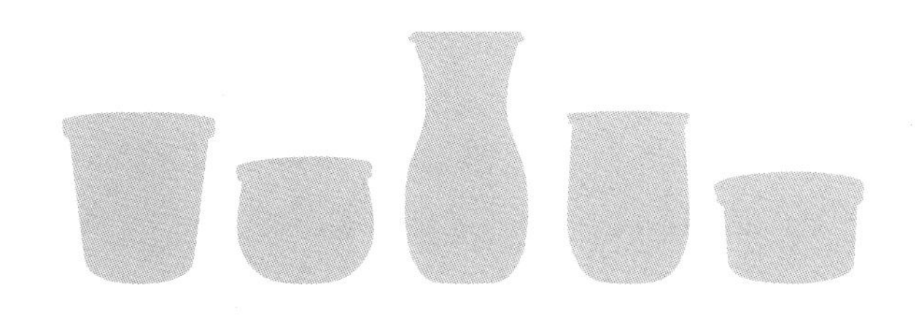

北京联合出版公司
Beijing United Publishing Co.,Ltd.

Contents

目录

WECK玻璃罐的魅力所在 ……4

关于WECK玻璃罐的二三事 ……6

沙拉 × 欧芙蕾

·尼斯沙拉 ……13

·熏鲑鱼沙拉佐莳萝香草酱 ……14

·煎鸭腿沙拉佐香橙酱 ……17

·和风牛肉沙拉佐手工胡麻酱 ……18

·泰式酸甜海鲜沙拉 ……21

·希腊沙拉 ……22

·意式星星面沙拉 ……25

·海藻沙拉佐和风梅醋酱 ……26

·鹰嘴豆沙拉佐柠檬油醋酱 ……29

·古斯古斯彩蔬沙拉 ……30

·综合坚果沙拉佐苹果油醋酱 ……33

·水果沙拉佐草莓优格酱 ……34

便当 × 水瓶

·南洋风味鲜蔬鸡丝冬粉 ……38

·嫩烤猪边肉佐紫苏风味酱与麦片饭 ……40

·家乡味卤肉盖饭 ……42

·焗烤意式肉酱螺旋面 ……44

·意式番茄蟹肉冷面 ……47

·芙蓉豆腐和风蔬食冷面 ……48

·蒜香薯泥佐烤牛肋蔬菜罐 ……51

·萝卜泥番茄牛肉炊饭 ……52

·蒸蛋·葱盐西蓝花墨鱼与紫苏拌饭 ……54

·鸡蛋松鲔鱼盖饭佐豌豆苗鲜菇温沙拉 ……57

·韩式风味烧肉饭 ……58

·土豆沙拉佐鲑鱼南蛮渍 ……61

常备菜 × 许凯伦

·蜂蜜柠檬酒 ……64

·奶油红酒鸡肝抹酱 ……66

·西班牙番茄冷汤 ……68

·油渍香草奶酪 ……70

·油封西班牙腊肠与鲜虾 ……72

·凉拌盐海带柠檬卷心菜丝 ……74

·辣渍小黄瓜 ……77

·韩式泡菜凉拌墨鱼 ……78

·牛肉与梅干海苔佃煮 ……81

·咖哩风味醋渍菜花 ……83

·芹香蘑菇酱 ……84

· 四种常备风味料 ……86
** 大蒜香草油
** 柠檬盐
** 酒渍干贝
** 盐麴油葱酱

甜点 × 爱米雷

· 焦糖香草布丁 ……91
· 法式糖渍橙片 ……92
· 杯烤红糖核桃香蕉蛋糕 ……95
· 黑白双色巧克力慕斯与焦糖榛果 ……96
· 英式苹果奶酥 ……98
· 舒芙蕾蓝莓乳酪蛋糕 ……100
· 浓情半熟巧克力蛋糕 ……102
· 意大利提拉米苏 ……105
· 蜂蜜红酒醋淋水果与马斯卡彭乳酪 ……106
· 梅酒水梨冻凝生乳酪蛋糕 ……109
· 双色水晶果冻 ……110
· 焙茶奶酪 ……113

果酱 × 款款手作厨房

· 百香无花果果酱 ……117
· 粉红胡椒菠萝果酱 ……118
· 香草番茄果酱 ……121
· 盐花焦糖苹果果酱 ……122
· 玫瑰草莓凝酱 ……125
· 红玉茶香芭乐果酱 ……126
· 柳橙猕猴桃果酱 ……129
· 双色果酱——蓝莓与覆盆子果酱 ……130
· 双色果酱——
蔓越莓与芳香万寿菊苹果果酱 ……132
· 圣诞节水果干果酱 ……134
· 月桂橙香地瓜抹酱 ……137
· 香草栗子牛奶抹酱 ……138

WECK玻璃罐的魅力所在

德国WECK玻璃罐的魅力就在于，排列摆在一起可爱的模样。
清透明亮，且外形丰富多变，
无论是料理时盛装，收纳食材或生活小物……
都能轻松找到让摆放加分的玻璃罐与之匹配。

① WE-900/290ml/高87mm ② WE-740/290ml/高55mm ③ WE-741/370ml/高69mm ④ WE-742/580ml/高107mm
⑤ WE-976/165ml/高47mm ⑥ WE-743/850ml/高147mm ⑦ WE-080/80ml/高55mm ⑧ WE-761/140ml/高69mm
⑨ WE-760/160ml/高80mm ⑩ WE-901/560ml/高88mm ⑪ WE-902/ 220ml/高66mm ⑫ WE-748/1062ml/高105mm
⑬ WE-903/235ml/高66mm ⑭ WE-764/530ml/高184mm ⑮ WE-763/290ml/高140mm ⑯ WE-766/1062ml/高250mm

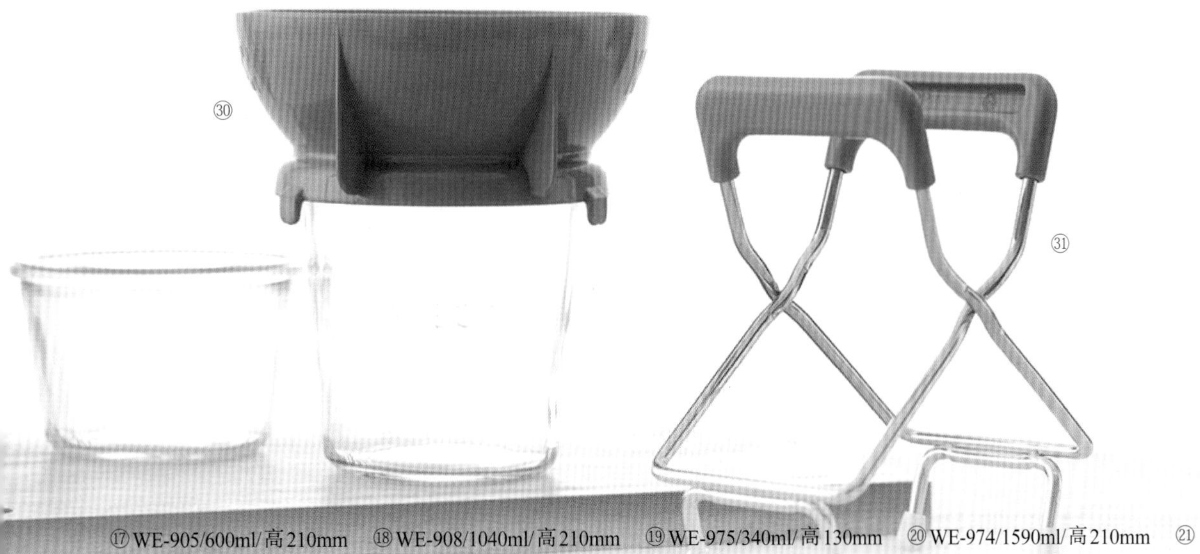

⑰WE-905/600ml/高210mm ⑱WE-908/1040ml/高210mm ⑲WE-975/340ml/高130mm ⑳WE-974/1590ml/高210mm ㉑WE-995/ 200ml/高122mm ㉒WE-996/370ml/高122mm ㉓WE-762/220ml/高80mm ㉔WE-744/ 580ml/高85mm ㉕WE-745/1062ml/高147mm ㉖WE-739/2700ml/高242mm ㉗白色塑胶盖（S、M、L） ㉘不锈钢密封夹 ㉙密封橡胶圈（S、M、L） ㉚漏斗分装器 ㉛德国WECK玻璃罐夹取器

Idea column

关于 WECK玻璃罐的二三事

来自德国的WECK玻璃罐，材质在加热及烹饪过程中不会释放出双酚A(BPA)，可作多种用途的高品质玻璃收纳容器，配合所附之橡胶垫及不锈钢密封夹使用可达密封效果，不管是用来储存干式的食材，油渍的蔬果，或用来直接烘焙布丁甜点(220℃以下适用，并须特别注意，瞬间温差过大可能导致破裂)，或是拿来储存小零件，灌制蜡烛，种植室内绿色小盆栽等，在日常生活中的应用多到令人目不暇给，实用又实在的品质是日常居家及DIY手作的最佳容器选择。

关于每一件WECK玻璃罐

- **内容物：**玻璃罐1个，玻璃盖1个，符合盖口尺寸的橡胶垫1个，不锈钢夹2个。
- **材质：**玻璃，橡胶，不锈钢。
- **制造地：**德国(玻璃罐，不锈钢夹)，斯里兰卡(橡胶)。

如何使用WECK玻璃罐

❶ 首先将符合罐盖大小的橡胶圈套在玻璃盖内缘。再将玻璃盖盖上，让橡胶圈紧密贴合在盖子与罐身中间。

❷ 一手将不锈钢夹较短的一端固定在玻璃盖内侧，另一手稍微施力将扣环长尾端撑开，接着往下压，即可扣上完成密封。

完成！

❸ 开启时由不锈钢扣的长尾端向上推开即可卸下扣环。欲开启已真空密封WECK罐，只须将橡胶圈角舌往外拉即可。

使用WECK玻璃罐非读不可的注意事项

WECK玻璃罐的耐热温度为-18℃～220℃，但引起玻璃罐破裂的主因常为瞬间温差过大或过于急促剧烈，原厂建议的瞬间温差容忍度为80℃，但在不同的盛装内容物交互作用下，即使瞬间温差未达80℃，急剧的温度变化仍有可能导致破裂，因此请特别注意下列的说明，避免瞬间温差所造成的损失：

- 若玻璃罐从冰箱取出后，须静置数分钟使罐身回到室温，才可以进行加温、加热的后续动作；若是由冷冻库中取出，须先放入冷藏数分钟后，再取出至室温，即所有回温的动作须采渐进式。
- 不可直接直火加热或放置于煤气上使用，若置于锅子或电锅里加热，底部须先放置隔热架，并且在加热前请注意上述渐进式回温原则，以防温差过大造成罐身破裂。
- 罐身与内容物须在完全冷却后，才可放入冰箱中冷冻冷藏。
- 罐身若由沸水中或加热后取出，请先置放在厚毛巾或木头垫上，以防接触面瞬间温差过大造成破裂。

其他常见问题Q＆A

Q　罐身上的小气泡或纹路是问题商品吗？

A　在制作过程中细微的温差变化有可能造成气泡与纹路的产生，请放心这并不会影响产品的功能，可安心使用，德国原厂也将持续努力改进制造技术以减少这些现象。

Q　可以放入电锅／微波炉中加热，或放洗碗机中清洗吗？

A　可以，但在使用上请谨记注意事项中所提及各要点，避免瞬间温差过大，例如加热完立刻取出冷却，或电锅中没有垫高加温，未采渐进式回温有可能会造成破损，请小心评估使用。

作者群 *Writer*

沙拉 ············ 设计·料理by 欧芙蕾
便当 ············ 设计·料理by 水瓶
常备菜 ········· 设计·料理by 许凯伦
甜点 ············ 设计·料理by 爱米雷
果酱 ············ 设计·料理by 款款手作厨房

书中材料的使用分量

1小匙 = 5ml
1大匙 = 15ml
1杯 = 200ml

体验德国百年WECK玻璃罐的魔幻魅力，
丰富每一天的料理时光，
就让沙拉、便当、常备菜、甜点、果酱，
如此丰富的料理提案，
疗愈你生活中积累的所有疲惫！

Chapter

1 沙拉 × 欧芙蕾

Introduction

回忆起与WECK玻璃罐的相遇，瓶身上草莓图案最让我印象深刻，
刚开始购买少量的罐子回家，一边用着一边探索更多运用的可能，
经过一段时间的相处后喜爱的感觉越发强烈，
我开始在网上寻找研究更多的妙用方法，
每每发现极具创意的使用方法，像是挖到宝藏一般欢喜雀跃。
我的WECK玻璃罐常用于储存各式干燥食材及生活中大大小小的物品，
上盖部分除了经典玻璃材质之外另有温润的木盖可以选搭，
喜欢它穿上木盖后的模样，除了成为容器外兼具装点空间的功能，
在盛产蔬果的季节里制作各种食物保存在WECK玻璃罐是我的首选，
罐里封藏大自然赐予的作物，一瓶瓶地收在柜子上让我觉得好安心，
在搜罗来的运用中把WECK玻璃罐当成食器的概念最让我感到惊喜，
缤纷色彩的食物在透明瓶身衬托下看起来美味极了。
因此着手研究美国与日本的罐子沙拉，
将其特色结合我们喜爱的沙拉版本，
随性装盘的蔬菜依照水分湿至干，及食材重到轻的基础分层配置，
信手拈来随意调制的沙拉酱准确计量，
透过一次次的调整把日常餐桌上我们喜爱的风味储存进去。
很幸运有这次的机会为WECK玻璃罐设计食谱，
构思时因为太喜欢的关系，情绪一直处于澎湃的状态，
能够通过这本食谱与大家分享我们的喜爱，心中感到无比的珍惜，
罐子里装进去的是沙拉也悄悄装进我们的家庭味，
希望读着食谱的你会喜欢。

profile

欧芙蕾

在一个男人与一只猫的生活里穿梭，用影像及文字记录日常食事，持续以一颗热情的心创造美好生活。
合著有《一日小野餐》。
Facebook 欧芙蕾秘密花园

尼斯沙拉

（两人份）

我喜欢将料多丰盛的尼斯沙拉作为晚餐前菜，看起来要准备很久的沙拉，其实只需要切切洗洗不到半小时就能完成，把所有材料一一摆入盘子，上桌时淋上酱汁翻拌，各种食材的香气融合在一起闻着都觉得美味。换个方式把喜爱的好滋味装进一人份的沙拉罐，层层叠叠的视觉飨宴讨好自己的心情也讨好脾胃。

食用方式中我喜欢将它们盛放在盘子里，首先把瓶罐上的生菜先取出摆在盘子的周围或底部，鹌鹑蛋拿出来暂放在角落，盖上玻璃盖，上下翻转摇一摇，确认罐子里的食材与酱汁混合后就可以倒在生菜上面了，最后摆上鹌鹑蛋及苦菊。

材料

迷你土豆 … 2个
四季豆 … 6根
圣女果 … 8颗
小黄瓜 … 半根
红甜椒 … 1/4个
紫洋葱 … 1/4个
黑橄榄…4颗
绿橄榄…4颗
鲔鱼…1罐
彩色甜菜…1把
苦菊…1把
鹌鹑蛋…3颗

※蒜香油醋酱

盐 … 1小撮
黑胡椒 … 1/4茶匙
蒜末 … 1匙
白酒醋 … 1大匙
橄榄油 … 2大匙
鳀鱼 … 1条

做法

1. 鳀鱼切末与盐、黑胡椒、蒜末、白酒醋、橄榄油放进罐子搅拌均匀。
2. 土豆、四季豆放入单柄锅水煮，四季豆煮5分钟后捞出放入冰块水，降温后切段，土豆煮熟后放凉切块。蛋水煮至全熟后放凉切半。
3. 圣女果切四等份，小黄瓜去籽切丁，红甜椒切丁、紫洋葱切小块。
4. 苦菊与彩色甜菜洗净后脱水，撕成容易入口的大小。

point

填罐的顺序：蒜香油醋酱、圣女果、土豆、小黄瓜、红甜椒、四季豆、紫洋葱、黑橄榄、绿橄榄、鲔鱼、彩色甜菜、苦菊、鹌鹑蛋。

可食用：即制即食
可保存：1天
使用的WECK：
WECK 743 ／ 850 ml

熏鲑鱼沙拉佐莳萝香草酱（一人份）

喜欢在早午餐时制作轻食料理，通常会选用几款蔬菜与一道有饱足感的肉品组合成一盘，佐餐汤品有时是蔬菜汤或浓汤，依照主菜类型随心随性地变化。熏鲑鱼是我们共同喜爱的食材，它与莳萝、酸豆特别合拍，尤其莳萝那股特有的甜香气是一般香草所没有的，如果找不到莳萝也请你别放弃酸豆喔！

我试着将这道熏鲑鱼沙拉做成开放式面包变化版本，结果风味一样迷人哪。将黑麦面包切片抹上一层酱料，照着顺序取出生菜摆上去，紧接着是食材，最后淋上少许莳萝香草酱，是一款单吃或者夹面包都很美味的沙拉。

材料

紫洋葱 … 1/4个
熏鲑鱼 … 180g
酸豆 … 10颗
紫甘蓝苗 … 1把
奶油莴苣 … 1把
苦菊 … 1把
莳萝 … 1撮
黄柠檬角 … 1/8个

※莳萝香草酱

酸奶油 … 2大匙
橄榄油 … 1大匙
黄柠檬汁 … 1小匙
莳萝细末 … 1小匙

做法

❶ 酸奶油、橄榄油、柠檬汁、莳萝细末放进罐子搅拌均匀。

❷ 紫洋葱切丝，熏鲑鱼切成适口的大小。

❸ 奶油莴苣洗净后脱水，撕成容易就口的大小，紫甘蓝苗洗净脱水，莳萝洗净撕小叶。

point

填罐的顺序：莳萝香草酱、紫洋葱、酸豆、熏鲑鱼、奶油莴苣、紫甘蓝苗、苦菊，莳萝、黄柠檬角。

可食用：即制即食
可保存：1天
使用的WECK：WECK 742 ／ 580 ml

煎鸭腿沙拉佐香橙酱（一人份）

忙碌的时候最适合制作便利的罐子沙拉储存在冰箱，它可以化身一人的主餐还能是双人的前菜沙拉。玻璃罐沙拉装瓶的顺序我分为四层，由下往上首先是酱料与蔬菜，运用圣女果微渍过会更好吃的特性，非常适合与酱汁放在一起；第二层的部分依序叠上较软的蔬菜，芦笋、玉米粒、柳橙果肉；第三层是肉品类煎鸭胸；最后一层是轻巧的芽菜及叶菜。只要掌握水分湿至干及食材重到轻的原则，即使事先将材料全都装进罐子里，倒出来吃的时候仍能保持蔬菜的新鲜与口感。

煎鸭腿也可以换成烟熏鸭胸代替，开封后立即食用的优点不论是冷食或者煎过之后都很美味。请留意部分真空包腌渍肉品非拆袋即食，如需经过加热才能食用的请放凉后再装瓶哦！

材料

豌豆 … 4大匙
圣女果 … 8颗
去骨鸭腿 … 1块
柳橙 … 1个
玉米粒 … 4大匙
豆苗 … 1把
紫叶生菜 … 1把

※香橙油醋酱

盐 … 少许
黑胡椒 … 少许
柳橙汁 … 2匙
橄榄油 … 2大匙

做法

1. 柳橙汁加热浓缩为1/2量与盐、黑胡椒、橄榄油放进罐子搅拌均匀。
2. 平底锅中倒入少许油，鸭腿以少许盐、黑胡椒调味，将带皮面朝下双面慢煎至九分熟，放凉后切片。
3. 豌豆水煮后放入冰块水降温。
4. 圣女果切四等份，柳橙去掉白色外膜取出果肉。
5. 豆苗洗净，沥干水分，紫叶生菜洗净沥干后撕成容易就口的大小。

point

填罐的顺序：香橙油醋酱、圣女果、豌豆、玉米粒、柳橙果肉、煎鸭腿、豆苗、紫叶生菜。

可食用：即制即食
可保存：1天
使用的WECK：WECK 742 ／ 580 ml

和风牛肉沙拉佐手工胡麻酱

（一人份）

日本手工胡麻酱是我超喜欢的常备酱料，调制成蘸酱可用于火锅或面条，冷拌料理时很少有不对味的情况，在我们家是个万用酱，花时间找到一瓶认可的胡麻酱在制作罐子沙拉时更有效率。在这款沙拉罐的肉品中我偏好火锅肉片的薄度，只要在水中轻轻涮几下，尝起来柔软的口感好吃极了。请按自己的喜好更换油脂丰富或者低脂的肉品哦！

材料

玉米笋 … 6根
黄甜椒 … 1/4个
小黄瓜 … 半根
樱桃萝卜 … 4颗
紫甘蓝 … 1把
水晶菜 … 1把
牛肉片 … 5片
七味粉…适量

※手工胡麻酱

日式胡麻酱 … 2大匙

做法

1. 将日式胡麻酱放进罐子。
2. 玉米笋水煮约5分钟至熟，取出后放入冰块水降温，冷却后斜切。
3. 黄甜椒切细条，小黄瓜切丁，樱桃萝卜切薄片，紫甘蓝洗净沥干水分后切丝，水晶菜洗净脱水后切段。
4. 牛肉片放入滚水中氽烫至九分熟，取出后放入冰块水中降温，撒上七味粉。

point

填罐的顺序：手工胡麻酱、黄甜椒、小黄瓜、紫甘蓝、樱桃萝卜、玉米笋、牛肉片、水晶菜。

可食用：即制即食
可保存：1天
使用的WECK：WECK 744 ／ 580 ml

泰式酸甜海鲜沙拉（两人份）

夏日时节吃着酸酸辣辣的食物特别开胃，刚开始我都做微辣版本，使用青椒还刻意去掉好多籽，慢慢习惯酸辣刺激之后逐渐提升辣度，红通通的辣椒末拌着海鲜与柠檬的酸，好过瘾，泰式风格的料理中，我偏爱着青柠，它独有的香气与酸度都好适合泰菜。在这里我搭配大量的生菜延伸为沙拉版本，运用芹菜与胡萝卜轻渍过更入味的特性与酱料事先混合，在冰箱里放置隔餐或一天使风味变得更好。

材料

中卷 … 1只
虾 … 10只
芹菜 … 1根
紫洋葱 … 1/4个
胡萝卜 … 1/4根
葱 … 1/4根
紫甘蓝苗 … 1把
苦菊 … 1把
青柠 … 1/8颗

※泰式酸甜酱

鱼露 … 1小匙
酸甜酱 … 2大匙
绿柠檬汁 … 1大匙
蒜末 … 1小匙
青椒末 … 1小匙

做法

❶ 鱼露、酸甜酱、柠檬汁、蒜末、青椒末放进罐子搅拌均匀。

❷ 中卷切块，虾去肠泥，滚水中余烫至九分熟，取出后放入冰块水降温。

❸ 芹菜切段，紫洋葱切丝，胡萝卜切丝。

❹ 紫甘蓝苗洗净脱水，苦菊洗净后脱水，撕成容易入口的大小。

point

填罐的顺序：泰式酸甜酱、芹菜、胡萝卜，紫洋葱，中卷、葱丝、虾，紫甘蓝苗、苦菊、青柠角。

可食用：即制即食
可保存：1天
使用的WECK：WECK 743 ／ 850 ml

希腊沙拉（一人份）

费塔奶酪在沙拉中使用度极高，柔软的口感与微酸的特性很适合搭蔬菜，传统的希腊沙拉以费塔奶酪为主角搭配大量地中海时蔬与橄榄。我喜欢在沙拉中加入新鲜香料，牛至在这里就有很好的提香效果，你也可以使用干燥的取代。

制作多瓶沙拉罐时我习惯将油醋酱事先调味完成，在一只小瓶中添入所有材料盖起来摇一摇，不论是用在沙拉罐或现做的沙拉上都好方便，油品部分使用高质地的橄榄油、葡萄籽油甚至是调味过的香草油都很适合，醋的选用除了传统的白酒醋、巴萨米克醋、雪利酒醋外也能以柠檬汁取代，我经常随着口味与习性微调成适合自己的味道，熟悉油醋的特性后也来调出属于你的味道吧！

材料

玉米笋 … 6根
圣女果 … 6颗
西葫芦 … 半个
紫洋葱 … 1/4个
黑橄榄 … 4颗
绿橄榄 … 4颗
薄荷 … 5片
牛至 … 5片
荞麦苗 … 1把
苦菊 … 1把
费塔奶酪 … 1/6块

※红酒醋酱

盐 … 少许
黑胡椒 … 少许
红酒醋 … 1小匙
黄柠檬汁 … 1小匙
黄柠檬皮屑 … 1/4颗
橄榄油 … 1大匙

做法

❶ 盐、红酒醋、柠檬汁、柠檬皮屑、橄榄油放进罐子搅拌均匀。
❷ 圣女果切四等份，西葫芦切丁，紫洋葱切丁。
❸ 生菜洗净后脱水，薄荷、牛至切细末，生菜撕成容易就口的大小。
❹ 费塔奶酪切正方丁与薄荷末、牛至末混合。

point

填罐的顺序：红酒醋酱、圣女果、西葫芦、紫洋葱、橄榄、费塔奶酪、苦菊、荞麦苗。

可食用：即制即食
可保存：1天
使用的WECK：WECK 742 ／ 580 ml

意式星星面沙拉

（两人份）

意大利面中有许多造型特殊的面型，迷你星星属于小型面，我常拿来煮蔬菜汤或冷拌沙拉，由于易熟的特性，煮面时我会特意缩短包装上的时间，从滚水中捞起到制作沙拉的口感会熟得刚刚好，请将沥干水分的星星面淋上少许橄榄油防止粘连。

另一半喜欢偏甜的沙拉酱，因此，我为他调整专属的风味，尝试着将巴萨米克醋以小火慢煮至浓缩并添入少许的蜂蜜，原本略呛的酸味变得柔和，甜度也提升许多。他很喜欢这样的风味，虽然我们同桌用餐，但是沙拉酱的准备有他爱的偏甜及我爱的微酸两种版本！

材料

星星面 … 50g
紫洋葱 … 1/4个
圣女果 … 8颗
橄榄 … 4颗
切达奶酪 … 1/6块
紫甘蓝苗 … 1把
豆苗 … 1把
罗莎生菜 … 1把
奶油莴苣 … 1把
香芹 … 1撮

※意式香醋酱

盐 … 少许
黑胡椒 … 1/4茶匙
巴萨米克醋 … 2大匙
蜂蜜 … 1小匙
橄榄油 … 2大匙

做法

1. 巴萨米克醋放在小锅里微火加热，浓缩至原来的一半与盐、黑胡椒、蜂蜜、橄榄油放进罐子搅拌均匀。
2. 星星面依照包装标示的时间减少2分钟煮熟，取出后沥干水分，淋上橄榄油搅拌均匀，放凉后拌入香芹。
3. 紫洋葱切丁，圣女果切四等份。
4. 紫甘蓝苗、豆苗、生菜洗净后脱水，生菜撕成容易就口的大小。

point

填罐的顺序：意式香醋酱、圣女果、紫洋葱、星星面、绿橄榄、紫甘蓝苗、豆苗、罗莎生菜、奶油莴苣、奶酪丁。

可食用：即制即食
可保存：1天
使用的WECK：
WECK 743 ／ 850 ml

海藻沙拉
佐和风梅醋酱
（一人份）

热浪来袭的炎炎夏日即使在室内也会让人晕呼呼的，脑子里兜转着吃什么才好呢都会让我头痛不已，记录几年来的度夏经验中，我喜欢制作多种冷拌菜储存于冰箱，搭配少量热菜就能吃得丰盛又满足，平日只需利用空档的时间准备完全不费力。彩色海藻是我们餐桌上必备的凉拌冷菜，在这里只要加入大量的新鲜生菜就能变化为主餐，酱汁部分我使用口味轻盈的梅醋带出沙拉的清新好滋味。

材料

圣女果 … 4颗
胡萝卜 … 1/4根
小黄瓜 … 半根
玉米粒 … 3大匙
荞麦苗 … 1把
水晶菜 … 1把
综合干燥海藻 … 8g
樱桃萝卜 … 2颗

※和风梅醋酱

梅子醋 … 1小匙
淡酱油 … 1小匙
姜泥 … 1/4小匙
味淋 … 1大匙
香油 … 1/4小匙
葡萄籽油 … 1大匙

做法

❶ 梅子醋、淡酱油、姜泥、味淋、香油、葡萄籽油放进罐子搅拌均匀。
❷ 圣女果切成四等份，小黄瓜切丝，胡萝卜切丝，樱桃萝卜切小丁。
❸ 荞麦苗洗净脱水，水晶菜洗净后脱水切段。
❹ 综合干燥海藻泡冷开水10分钟。

point

填罐的顺序：和风梅醋酱、圣女果、玉米粒、小黄瓜、胡萝卜、荞麦苗、水晶菜、综合海藻、樱桃萝卜。

可食用：即制即食
可保存：2天
使用的WECK：WECK 742 ／ 580 ml

CABERNET SAUVIGNON
BARRANCAS
MENDOZA

鹰嘴豆沙拉佐柠檬油醋酱（两人份）

用豆子罐头做菜这件事曾经让我感到很害羞，喜爱的西方料理食谱中也经常使用，步骤中开罐就像呼吸一样自然，丝毫没有要害羞的感觉，于是我慢慢宽心并大胆地开启豆罐头做料理。超市里有各种豆类罐头，甚至还有有机豆可以选择，在西式料理中经常用来做炖菜、炖汤或是打成泥变身蘸酱，吃起来很有饱足感。我特别喜欢口感绵密的鹰嘴豆，开罐之后以冷开水冲洗就可以直接拿来拌沙拉。

材料

红甜椒 … 1/4个
紫洋葱丁 … 1大匙
玉米粒 … 4大匙
西葫芦 … 半个
鹰嘴豆 … 2/3罐
大红豆…20颗
香芹 … 1撮
莳萝 … 1撮
豆苗 … 1把
紫叶生菜 … 1把
费塔奶酪 … 1/4块

※柠檬油醋酱

盐 … 少许
黑胡椒 … 少许
黄柠檬汁 … 1大匙
橄榄油 … 2大匙
莳萝末 … 1小匙

做法

❶ 盐、黑胡椒、柠檬汁、橄榄油、莳萝末放进罐子搅拌均匀。

❷ 红甜椒切丁，紫洋葱切丁，西葫芦削薄片，香芹、莳萝细切，费塔奶酪剥小块。

❸ 紫叶生菜洗净后脱水，撕成容易就口的大小。

❹ 鹰嘴豆、大红豆以冷开水冲洗，将两者混合拌入少许柠檬油醋酱。

point

填罐的顺序：柠檬油醋酱、鹰嘴豆与大红豆、紫洋葱、西葫芦、玉米粒、红甜椒、豆苗、紫叶生菜、费塔奶酪。

可食用：即制即食
可保存：1天
使用的WECK：WECK 743 ／ 850 ml

古斯古斯彩蔬沙拉（两人份）

古斯古斯是由粗麦粒、面粉、盐及水组合的面制品，又称为北非小米，北非料理中主食之一，也是我库存中的常备食材。古斯古斯几乎是无味状态，运用在料理上就如米饭一般，只要兑上等量的热开水或热高汤就能立即食用。偶尔忙不过来的时候我喜欢请出万能的烤箱帮忙，综合烤时蔬菜出炉后拌入古斯古斯，成为一道制作简单又快速的热沙拉，只要再加上一份烤制肉品就可以吃得饱足又丰盛。古斯古斯与任何风味明显的肉排或稍重口味的炖菜都能结合出好味道。它的便利也常用在冷沙拉上，在这里古斯古斯仅以热开水搅拌，待吸收全部的水分即可食用，风味部分来自香草油醋酱。另外我喜欢将蔬菜切成小丁与古斯古斯拌在一起，每一口都能品味到食物间相互作用产生的好滋味。

材料

圣女果 … 4颗
西葫芦 … 半个
玉米粒 … 4大匙
红甜椒 … 1/4个
鹰嘴豆 … 10颗
古斯古斯 … 70ml
热开水 … 70ml
紫甘蓝苗 … 1把
罗马生菜 … 1把

※香草油醋酱

盐 … 少许
黑胡椒 … 1/4小匙
橄榄油 … 2大匙
柠檬汁 … 1大匙
香芹末 … 1小匙
牛至末 … 1小匙

做法

1. 盐、黑胡椒、橄榄油、柠檬汁、香芹末、牛至末混合，备用。
2. 古斯古斯与等量的热开水拌匀，盖起来闷5分钟，确认已吸饱水加入香草油醋酱及鹰嘴豆搅拌混合。
3. 圣女果切四等份，西葫芦切丁，红甜椒切丁。
4. 生菜洗净后脱水，罗马生菜撕成容易就口的大小。

point

填罐的顺序：香草油醋酱、古斯古斯与鹰嘴豆、西葫芦、玉米粒、红甜椒、紫甘蓝苗、罗马生菜、圣女果。

可食用：即制即食
可保存：1天
使用的WECK：WECK 743 ／ 850 ml

综合坚果沙拉
佐苹果油醋酱
（一人份）

喜欢让开封后的坚果住到透明瓶子里，取两匙倒在盘子里与奶酪交错在一起，是最常被我们拿来搭葡萄酒的小点心。综合坚果有着各自的风味，不自觉地挑着喜欢的吃，但放到沙拉里就不会有这样的偏心了，坚果的提香效果特别好，口感上还能增加层次，制作沙拉罐时请将它们放在干爽无水分的区域里保持脆度！

水果干也是我喜欢的，天然低温干燥的果干浓缩了水果的香气与甜度，加上一点点让沙拉的风味又提升一些，除了我在这里使用的杧果干之外，任何你喜欢的种类都可以替换。

材料

红甜椒 … 1/5个
黄甜椒 … 1/5个
小黄瓜 … 1/3根
大红豆 … 20颗
综合坚果 … 50g
天然杧果干 … 1片
豆苗 … 1把
罗莎生菜 … 1/2把
奶油莴苣 … 1/2把

※ 苹果油醋酱

盐 … 少许
苹果醋 … 1小匙
葡萄籽油 … 2小匙

做法

❶ 盐、苹果醋、橄榄油放进罐子搅拌均匀。

❷ 红甜椒切丁，黄甜椒切丁，小黄瓜切片，杧果干切丁。

❸ 生菜洗净后脱水，罗莎生菜、奶油莴苣撕成容易就口的大小。

point

填罐的顺序：苹果油醋酱、红黄甜椒、小黄瓜、大红豆、罗莎生菜、奶油莴苣、综合坚果、豆苗、杧果干。

可食用：即制即食
可保存：1天
使用的WECK：WECK 744 ／ 580 ml

水果沙拉 佐草莓优格酱（一人份）

优格与水果最搭了，我喜欢以优格为基底加入水果酱调合，并不是要做保存期长的果酱，所以熬制水果时糖的分量少一些，时间也不需要太长，利用热煮水果的方式将它的甜味与香气浓缩起来，如果没有时间制作，使用市售的手工果酱取代也有相同的效果。

当季水果进入盛产期时各个香甜多汁，草莓、杧果、火龙果、凤梨、柳橙都是适合制作优格沙拉的美味水果，添入优格的水果酱从备料的水果中选择一款即可。优格沙拉有着很大的自由度，请依照四季变化更换水果种类，制作出专属于你的美味沙拉。

材料

猕猴桃 … 1个
柳橙 … 1个
苹果 … 2/3个
蓝莓 … 1/2盒
草莓 … 9颗
薄荷叶 … 1枝

※草莓优格酱

草莓…3颗
糖 … 小匙
优格 … 100g

做法

❶ 草莓切小丁加入糖熬煮10分钟，待凉后与优格一起放进罐子搅拌均匀。
❷ 猕猴桃切扇形，柳橙去掉白色外膜取出果肉，苹果切块。
❸ 草莓以软毛刷洗净，分切为1/4及1/2两种。
❹ 薄荷叶洗净取下叶子。

point

填罐的顺序：草莓优格酱、苹果、猕猴桃、柳橙、薄荷叶、草莓、蓝莓。

可食用：即制即食
可保存：1天
使用的WECK：WECK 742 ／ 580 ml

Chapter

2 便当 × 水瓶

WELCOME

Introduction

喜欢透过食物传递言语不善表达的情感，一双儿女总说妈妈不够温柔，这是事实完全无法否认（笑），但我相信，这些年来每个便当日在学校课桌上打开家里送来的饭盒时，孩子们一口一口吃下的，不仅仅是满足脾胃的饭菜，同时也是滋养身心的妈妈味。将来兄妹俩长大时，偶尔想起妈妈做的便当，心中必然漾起一股暖意、一份厚实无二的温慰。因为我就是这样，母亲离世多年，但只要想到小时候她为我做的便当，心里就觉得暖暖的，那是一份历久弥坚的情感养分，这份笃实，正是七年来持续为孩子们准备便当的深厚动力。

书里的便当提案，由于使用玻璃罐做为容器，因而菜色设计时也将玻璃容器耐高温、可蒸、可烤、可微波的特性考量进去，并且有多道主食可于时间较充裕的休假日事先做好备着，工作周期间便能更有余裕为自己、家人准备一瓶赏心悦目、料丰味美的家制罐装便当。

调味料使用方面，大多时候偏好以几种简单基本的元素相互搭配、呈现不同风味。较常使用到的有豆油伯缸底酱油、玉泰白酱油、米酒、原色冰糖粉、日本米醋（千鸟醋）及本味淋。佐料使用的计量依据，请参照前文。

准备好了吗？让我们一起，料理人生的幸福之味。

profile

水瓶

爸爸是厨师，自小看着父母在料理台前辛苦工作的身影，曾誓言婚后决不进厨房，却因想给孩子干净营养的食物，而开始学习烹饪。煮妇生涯12年余，当年不爱进厨房，如今享受着用家庭料理书写人生幸福方程式。

FaceBook　水瓶花园的日常

南洋风味鲜蔬鸡丝冬粉

这一罐满足了味蕾对于食物香气的爱好，但不会带给身体过多的负担，对厨房也是。零油烟的水煮料理，滋味毫不逊色，诀窍就在以鱼露为主体的南洋风味酱汁，不同品牌的鱼露咸味略有不同，请一边调制一边试味道浓淡，慢慢调出自己喜欢的醍醐味。

鲜蔬鸡丝冬粉材料

宽冬粉 … 1把
鸡胸肉 … 100g
土豆 … 100g
木耳 … 1片
紫洋葱 … 1/4个
红椒、黄椒 … 各1/4个
香菜叶 … 适量

做法

❶ 红椒、黄椒、紫洋葱、黑木耳、土豆分别切丝，香菜叶洗净擦干备用。

❷ 取附盖的小锅，装入足以覆盖住鸡胸肉的水量。

❸ 冷水开始煮鸡肉，以中火加盖的方式煮至沸腾，见锅缝有白烟热气冒出即熄火，不要开盖，续焖15 ~ 20分钟。

❹ 放凉后，撕成鸡丝备用。

❺ 原锅接续分别以烫木耳丝（2分钟）、宽冬粉（1分半钟）、土豆丝（1分钟）。

❻ 冬粉沥干先拌入芝麻香油（分量外），防止结团。

酱汁材料A

泰式鱼露 … 4大匙
新鲜柠檬汁 … 2大匙
开水 … 3大匙
原味冰糖粉 … 2大匙
姜 … 10g
香菜梗 …约8支

酱汁材料B

辣椒 … 适量、轮切
香油 … 2大匙

酱汁做法

❶ 将材料A的姜切细末，香菜梗也切末，混合其他所有调味料拌匀，确认冰糖粉完全溶解，试试味道浓淡。

❷ 单尝酱汁味道会较浓郁偏咸，最后与食材搭配后，整体刚好可以平衡。

❸ 咸甜辛香浓淡确认后，最后再拌入材料B，即完成酱汁。

point

装瓶顺序：将所有食材依喜欢的颜色顺序装瓶，食用前再淋入酱汁。

使用的WECK：WECK 742 ／ 580ml

kitchen cloth

嫩烤猪边肉佐紫苏风味酱与麦片饭

新鲜青紫苏香气怡人、天然芬芳，以香草酱概念将它调制成亚洲风味的紫苏蘸酱，不论搭配水煮或烧烤料理，还是可生食的青蔬，都是清新又馥郁的好滋味。猪边肉油花适中、肉质细嫩，在传统市场较易取得，由于数量不多，可提早向肉铺预订。

紫苏蘸酱材料

新鲜紫苏叶 … 2 ~ 3片
姜末 … 1小匙
白酱油 … 1大匙
原色冰糖粉 … 1小匙
日本米醋（千鸟醋）… 1/2小匙
芝麻香油 … 1小匙
辣椒 … 1根（可省略）

做法

❶ 将新鲜青紫苏洗净后，拭干、切末。
❷ 姜也去皮、切末，取一小匙分量使用。
❸ 除芝麻香油外，其余材料全部投入酱料盅，拌匀，确认糖完全溶解。
❹ 拌入芝麻香油及辣椒，增香又增色。

麦片饭材料

白米 … 1/4量米杯
麦片 … 2大匙
水 … 1/2量米杯

做法

❶ 直接将米、麦片置于玻璃罐内，掏洗后注入分量内的水。
❷ 用大同电锅或蒸炉炊煮18分钟（大同电锅外锅水量160ml）。
❸ 时间到，续焖15分钟再取出。

嫩烤猪边肉材料

猪边肉 … 100g
黑胡椒粉、花椒粉、海盐、热炒油 … 各适量

做法

❶ 猪边肉分切成适口大小。
❷ 抹上黑胡椒粉、花椒粉、海盐，用手抓匀，冷藏2 ~ 3小时入味。
❸ 进烤箱前30分钟从冰箱取出回温，并淋上些许耐高温的热炒油，保护肉片于烧烤时，肉汁不流失。
❹ 以190℃烤至全熟（约10分钟左右），可依照肉片厚度及烤箱规格，斟酌实际烧烤时间。

附菜材料

鸡蛋 … 1个
西葫芦… 半个
紫洋葱 … 1/4个
即食玉米粒 … 50g（约小半碗）

做法

❶ 煎荷包蛋，热锅热油，轻轻将蛋滑入锅，别急着翻动，待蛋白边缘呈现漂亮的焦褐色，再小心翻面煎至蛋黄熟透即可。
❷ 紫洋葱切丝，泡冰块水20分钟左右，沥干备用 。
❸ 西葫芦洗净，切成圆片，再分切成半圆形。
❹ 即食玉米粒沥干水分备用。

point

装瓶顺序：将蒸煮好的麦片饭翻松，再依喜欢的顺序将所有食材装瓶，食用前淋入紫苏蘸酱。

使用的WECK：WECK 744 ／ 580ml

家乡味 卤肉盖饭

玻璃罐带便当不仅外观讨喜，功能也很实在，可以蒸煮加热也可以微波。让咸香汁丰的台味卤肉饭与晶莹可爱的玻璃罐联手，同时温饱口腹和身心，为午后的工作注满活力与能量。

卤肉饭材料（约四人份两餐量）

猪五花（切成小丁）… 900g
热炒油 … 2大匙
洋葱 … 1个
油葱酥 … 4大匙
原色冰糖粉 … 2大匙
酱油 … 100ml
米酒 … 140ml
水 … 400ml
白胡椒粉 … 适量
五香粉 … 适量
米饭 … 1碗／人

做法

❶ 洋葱去皮切丁，直接在炖锅内以中弱火从冷油开始炒香，直到香味飘上来，颜色也转浅褐色。

❷ 下五花肉丁，转中强火将肉半煎半炒至断生上色。

❸ 将油葱酥加进来，拌炒至闻到香气。

❹ 依序加调味料：糖先下，炒匀后再沿锅边淋入酱油，烧出酱香气后续加米酒、白胡椒粉及五香粉适量。

❺ 注入刚好覆盖食材的净水（约400ml），滚起后转为小火，加盖慢炖1个半小时。

❻ 炖好的肉燥依每餐需要的分量分装，每次加热只取当餐可以吃完的量。

副菜材料

鸡蛋 … 1个
四季豆 … 1小把
茭白 … 3支
樱桃萝卜 … 4 ～ 5颗
海盐 … 少许
糖 … 1大匙
日本米醋（千鸟醋）… 1大匙
开水 … 2大匙

水煮蛋

取小锅由冷水开后投入鸡蛋，中火煮至滚起，维持小滚的火力，计时7分钟，时间到立刻取出鸡蛋泡冰块水降温，这样可以煮出刚好熟透，但仍保持蛋黄质地湿润的水煮蛋。

四季豆、茭白水煮

❶ 四季豆、茭白洗净，分别切头尾、去除外皮。

❷ 煮一锅水，滚起后加入些许海盐，投入茭白煮5分钟，四季豆煮2分钟，捞起后马上放入冰块水降温定色。

❸ 放凉后再分切成适口大小。

樱桃萝卜渍

❶ 樱桃萝卜洗净切除茎菜，带皮切成薄片，以少许盐腌渍，静置30分钟后，洗去涩水，挤干水分。

❷ 将分量内的糖、米醋、少许海盐和开水调匀拌至糖完全溶解后，放入樱桃萝卜，浅渍2小时左右。

❸ 一餐未使用完的樱桃萝卜移入冷藏，隔夜颜色会更艳丽。

point

装瓶顺序：

❶先添入卤肉燥，再将白饭置其上。

❷整齐铺上樱桃萝卜渍，再依喜欢的顺序加入水煮蛋及四季豆、茭白。

使用的WECK：WECK 742 ／ 580ml

焗烤意式肉酱螺旋面

炖煮好吃的意式肉酱不需要厉害的技巧，只要留下充裕的时间令炉火慢炖，丰润味美的一锅好肉酱自然可得。添加奶酪做成焗烤肉酱面，视觉与味觉更显层次感，也可以将栗南瓜去皮切片炒熟后打成泥，铺在肉酱上，又是另一种截然不同的风味。

材料（方便制作的分量）

新鲜牛绞肉 … 600g
新鲜猪绞肉 … 400g
胡萝卜 … 1根
西红柿 … 2个
洋葱 … 2个
大蒜 … 6瓣
香芹 … 3根
番茄酱 … 1罐
番茄罐头 … 1罐
黑胡椒粉 … 适量
热炒油 … 4大匙
肉豆蔻 … 半个
甜豆仁 … 1/4杯
螺旋面 … 2/3杯（1杯 = 200ml）
焗烤用奶酪 … 适量

做法

❶ 大蒜切末、洋葱切丁、西红柿去皮切块、胡萝卜去皮切成厚约3mm的薄片，再用花形切模压成胡萝卜花备用，其余的胡萝卜切末，香芹也切末。

❷ 绞肉如经冷冻，请提前一天移至冷藏室，并于料理前20 ~ 30分钟置于室温。

❸ 热油锅，中油温开始炒洋葱，约2 ~ 3分钟可闻到香气，再续炒至洋葱变成浅褐色。

❹ 投入蒜末一起爆香，蒜香味飘上来后再下胡萝卜末拌炒，让所有食材都吃到油脂，便可让绞肉们下锅。

❺ 将火力微调至中强火，用较高的温度让绞肉断生、上色。

❻ 将炒好的食材移入炖锅中，投入新鲜西红柿块，翻炒均匀。

❼ 约1分钟后倒入番茄酱 、番茄罐头，并用锅铲将罐头番茄切成小块，搅拌均匀，煮滚后转小火，加盖炖煮2个半小时。

❽ 炖煮期间约每20分钟翻动一次，避免粘锅。

❾ 起锅前加入现磨的肉豆蔻、适量的盐及黑胡椒，最后拌入香芹末拌匀即可。

❿ 肉酱放凉，分装成每餐需要的分量冷冻保存，每次食用只取一份加热，口感最好。

⓫ 将甜豆仁汆烫40秒左右，冲凉沥干备用。

⓬ 做法❶取下的胡萝卜花也汆烫3分钟至熟软。

⓭ 螺旋面依包装指示煮至弹牙状态，捞起沥干水分，拌入橄榄油防粘。

⓮ 将煮好的面、甜豆仁、胡萝卜装瓶，加入肉酱，最后摆上奶酪，食用前入烤箱以摄氏200℃烤10分钟左右至奶酪溶化，并呈漂亮烤色。

point

煮面水须加一些海盐，平均每1L的水加10g左右海盐；而每1L的水可煮约100g的面。
肉酱也可和蒜香薯泥（做法详见P51）搭配，做成焗烤肉酱土豆泥。

使用的WECK：
WECK 744 ／ 580ml

意式番茄蟹肉冷面

清凉爽口的冷面和剔透清澈的玻璃罐组合，在燠热的盛夏准备这款便当，具有消暑解热的疗愈感，尤其切开柠檬的那一刻，青柠香气弥漫在空气中，暑气立消，原本闭锁的食欲也在瞬间被打开。

清淡而有味的异国风情冷面，是炎炎夏日的舒心料理。

材料

A

冷压初榨橄榄油 … 50ml

大蒜 … 5瓣

B

西红柿 … 半个

罗勒叶 … 数片

紫洋葱 … 1/4个

辣椒 … 适量（可不加）

柠檬汁 … 2大匙

白酱油 … 1大匙

海盐 … 少许

蒜味橄榄油 … 2大匙

C

天使细面 … 70 ~ 80g

蒜味橄榄油 … 1大匙

可生食蟹肉条 … 50g

西蓝花 … 适量

做法

❶ 提早一天制作蒜味橄榄油，将材料A的大蒜切片（确保无水分残留），与凉拌用的冷压橄榄油一同置入酱料瓶密封一天，即为蒜味橄榄油。

❷ 将西红柿去皮切丁，罗勒叶切碎，紫洋葱切丝，辣椒轮切，混合所有材料B，制成冷面酱汁备用。

❸ 烧1L的滚水，加入10g海盐，滚起后投入天使细面，比包装上注明的时间再多煮1分钟。

❹ 时间到，一口气捞起面条，甩干水分，投进冰块水降温再沥干水分，倒入料理钵，加一大匙蒜味橄榄油，把面条拌松，均匀沾裹橄榄油。

❺ 煮面水同时烫煮西蓝花1分钟，捞起后冰镇降温定色，可生食蟹肉条从冰箱取出备用。

point

装瓶顺序：将酱汁内的蕃茄丁先装入瓶内为底，再依序添入西蓝花、面条、蟹肉、面条，最后淋上酱汁。

使用的WECK：WECK 742 ／ 580ml

芙蓉豆腐和风蔬食冷面

无肉日的滋味庆典，自家制的海带风味蘸面酱，多了一份安心感，咸一点或甜一点，随喜好自由调整。细嫩的素面替换成Q弹的乌龙面或风味独具的荞麦面，都很合适。蘸面酱也可改用柴鱼高汤为基底，蔬食同时多一分芳香甘醇（柴鱼高汤做法请见P61鲑鱼南蛮渍）。

蘸面酱材料

海带 … 10cm
净水 … 300ml
酱油 … 20ml
白酱油 … 60ml
本味淋 … 40ml
原色冰糖粉 … 1大匙

做法

1. 准备16cm左右的小锅，注入300ml净水，投进海带，静置2小时后移至炉火加热。
2. 水一滚起便取出海带，熄火。
3. 加入分量内的酱油、白酱油、本味淋和糖。
4. 转小火再次煮滚，立刻关火，酱汁放凉备用。

蔬食冷面材料

日式素面 … 1把
芙蓉豆腐 … 1块
西红柿 … 半个
玉米笋 … 6支
秋葵 … 6支
小黄瓜 … 半根

做法

1. 用削皮刀轻轻削去秋葵蒂头的粗糙外皮，将秋葵入滚水汆烫40 ~ 50秒，捞出后立刻浸于冰块水降温定色。
2. 玉米笋汆烫4分钟，沥干放凉备用。
3. 小黄瓜纵向对半剖开，以削皮刀从切面刨下薄片，再切成带透明感的细丝。
4. 西红柿切圆片备用。
5. 芙蓉豆腐以井字切法，分成9小块备用。
6. 素面依包装指示时间煮熟，再过冷水冲凉备用。

point

海带上的细白粉末是风味来源，不要用水冲掉；如果担心，用厨房纸巾轻轻擦掉表面灰尘就好。此份蘸面酱约可提供4人份的冷面蘸食。

装瓶顺序：西红柿切片先做为底，芙蓉豆腐横放置其上，之后按个人喜好依序装入其他材料，食用前再淋入酱汁即可。
使用的WECK：WECK 742 ／ 580ml

蒜香薯泥佐烤牛肋蔬菜罐

我超级喜爱的蒜香薯泥食谱，一定要跟大家分享。
在家就可以做出不输专业餐厅的美味薯泥，同时配着酱烤牛肋及油盐烤蔬菜，柔细绵密、齿颊留香 。

蒜香薯泥材料（方便制作的分量）

土豆… 1个（约350g）
大蒜 …20g
鲜奶 …60ml
奶油 …1小匙
肉豆蔻 …少许
海盐 …少许

做法

❶ 土豆去皮切片，厚度约0.5cm。
❷ 大蒜去皮切片备用。
❸ 将土豆与蒜片一起蒸煮30分钟（水滚后计时）。
❹ 鲜奶60ml与奶油一起入锅小火加热至奶油溶化即关火。
❺ 蒸煮好的土豆加大蒜过筛压成细致的蒜味薯泥。
❻ 趁热拌入做法❹，并以少量的现磨肉豆蔻及适量海盐调味即完成。

烤牛肋条材料（方便制作的分量）

牛肋条 … 1400g
酱油 … 100ml
米酒 … 200ml ~ 250ml
黑胡椒粉 … 适量
原色冰糖粉 … 1大匙
大蒜 … 5 ~ 6瓣
月桂叶 … 3片

做法

❶ 牛肋条切成长约5~6cm的大小。
❷ 加入其他所有调味食材一起冷藏腌渍一晚入味。
❸ 进烤箱前30分钟从冰箱取出回温。
❹ 烤盘铺上烘焙纸，放上牛肋，以190℃烤12分钟左右即可。

油盐烤蔬菜材料

彩椒 … 适量
菜花 … 适量
芦笋 … 适量
海盐、黑胡椒 … 适量
耐高温的热炒油 … 适量

做法

蔬菜洗净，切成适口大小后，放进烤皿，撒上适量海盐、黑胡椒粉，淋上热炒油，整体拌匀，入烤箱以190℃烤9分钟左右。

point

装瓶顺序：将蒜香薯泥先添入罐内，再分别将肋条及烤蔬菜装瓶。

使用的WECK：WECK 742 ／ 580ml

萝卜泥西红柿牛肉饭

将新鲜无涩味的胡萝卜磨成泥，悄悄加进炊饭里，与鲜腴的牛肉、红熟的番茄和散发自然甘甜味的洋葱，四品交糅融合，成就一锅营养与丰盛的美食。

萝卜泥番茄牛肉炊饭材料（4人份）

胡萝卜…1根（约200g）
西红柿…1个（约250g）
洋葱…1个
牛背肩肉…400g
热炒油…3大匙

A
白米…2杯半
水…2杯（180ml的量米杯）
白酱油…3大匙
米酒…3大匙
白胡椒粉…适量
月桂叶…1片

做法

❶ 白米洗去表面粉质，沥干置于筛网静置30分钟备用。
❷ 牛肉切成骰子状肉丁，以滚水汆烫去杂质，捞起后快速洗去血水，沥干备用。
❸ 胡萝卜洗净去皮磨成泥备用。
❹ 西红柿、洋葱洗净去皮切小丁备用。
❺ 取用导热良好的炖煮锅，加入3大匙热炒油，中油温开始炒洋葱，约2～3分钟后可闻到香气，小心翻炒防止烧焦，直到洋葱呈现浅褐色。
❻ 放入萝卜泥拌炒，1分钟后投入番茄丁全体拌炒均匀后，随即加进牛肉。
❼ 同时间也投入材料A。
❽ 将锅内食材拌匀，加盖煮至滚起（约需4分钟），锅缘有白烟冒出。火力转为小火，续煮10～12分钟。
❾ 时间到时，转成中火烧30秒，让锅内水汽排出。
❿ 熄火不开盖，焖15～20分钟后，即完成。

副菜材料（一人份）

绿豆芽…1把
黄椒…1/4个
西蓝薹…1小把
海盐…适量
鹅油香葱酱…1小匙

做法

❶ 绿豆芽洗净，摘去头尾备用。
❷ 黄椒洗净切丝，西蓝薹洗净去掉菜梗上的粗质外皮。
❸ 煮一锅水，沸腾后加入适量海盐，分别汆烫西蓝薹、豆芽及黄椒。
❹ 西蓝薹煮至颜色转浓绿即可捞起，迅速泡冰水降温定色。
❺ 豆芽及黄椒亦快速汆烫捞起，并趁热拌入鹅油香葱酱及适量海盐。

point

装瓶顺序：将炊饭翻松，取1人份装瓶，再将其他食材依喜欢的顺序添入瓶内即可。
使用的WECK：WECK 742 ／ 580ml

蒸蛋·葱盐西蓝花墨鱼与紫苏拌饭

善加运用玻璃罐耐高温的特性，让平常不容易完整装进便当盒的蒸蛋轻松带着走。墨鱼漂亮开花的小诀窍是：从身体内部下刀划线，滚水余烫后，自然会卷曲开花。

蒸蛋材料

鸡蛋 … 1个
海盐 … 少许
水或柴鱼高汤 … 100ml

做法

鸡蛋打散，加入100ml净水（或高汤）和少许海盐，搅拌均匀过筛直接滤进玻璃罐，加盖蒸15分钟（水沸起后计时）。

紫苏拌饭材料

白饭1碗 … 约150g
紫苏叶 … 1～2片
紫苏香松 … 1小匙

做法

白饭加入紫苏香松拌匀备用，紫苏叶洗净拭干备用。

葱盐西蓝花墨鱼材料（方便制作的分量）

墨鱼 … 1尾
青葱 … 4根
辣椒 … 适量
米酒 … 适量
西蓝花 … 适量

A

海盐 … 1小匙
糖 … 1/4小匙
柠檬汁 … 2大匙

B

香油 … 2大匙

做法

❶ 西蓝花洗净削去菜梗粗皮，入滚水余烫1分钟，随即捞起浸冰块水降温定色。
❷ 青葱分成葱白及葱绿两部分，葱白轮切成末，葱绿切丝，辣椒轮切备用。
❸ 墨鱼洗净，从鳍部撕开，同时剥去外皮，舍去眼睛、内脏和透明软骨。
❹ 足部吸盘刮除，切成适口大小。
❺ 将墨鱼身体剖开成片状，从内部斜刀划隐刀线（划线不切断），以交叉方式切花后再分切成适口大小。
❻ 滚水加入适量米酒，再次滚起时投进墨鱼，转中小火加盖煮1分钟，熄火带盖焖3分钟，捞出沥干水分。
❼ 将墨鱼与葱白、辣椒及材料A拌匀，味道确认后，最后拌入材料B。

point

装瓶顺序：蒸蛋完成后稍放凉，将紫苏拌饭、紫苏叶及葱、盐、西蓝花、墨鱼依喜好顺序装瓶。

使用的WECK：WECK 742 ／ 580ml

鸡蛋松鲔鱼盖饭
佐碗豆苗鲜菇温沙拉

菜价高涨的时候，运用价格相对稳定的蕈菇、芽菜以及常见鸡蛋和油渍鲔鱼罐头，便能够轻松完成一份实惠又不失风味的家制便当。食谱里温沙拉的酱汁，也很适合搭配其他生菜沙拉。

鸡蛋松材料

鸡蛋 … 1个
鲜奶 … 1大匙
海盐 … 少许

做法

❶ 鸡蛋加鲜奶、海盐打散拌匀。

❷ 用小口径的不沾锅，热油润锅后下蛋汁。

❸ 手持两双长筷握成束，以快速画圆的方式搅拌蛋汁，直到凝固状，未至全熟即可离火，利用余温让蛋熟成。

紫洋葱拌鲔鱼材料

紫洋葱 … 1/4个
油渍鲔鱼（罐头）… 80 ~ 100g
黑胡椒粉 … 适量
海盐 … 适量

做法

紫洋葱切小丁，混合油渍鲔鱼，以黑胡椒粉、海盐调味，拌匀即可。

碗豆苗鲜菇温沙拉材料

碗豆苗 … 1包
斑玉蕈 … 1包

A

白酱油 … 2小匙
日本米醋 … 1小匙
原色冰糖粉 … 1小匙
开水 … 2小匙

B

芝麻香油 … 1小匙

做法

❶ 将材料A所有材料混合拌匀，确认糖粉完全溶解再加入材料B，调匀备用。

❷ 斑玉蕈烫熟、碗豆苗过热水，两者皆冲凉沥干备用。

point

装瓶顺序：先放入碗豆苗、斑玉蕈，淋入温沙拉做法❶的酱汁，再添入米饭及其他食材即可。

使用的WECK：
WECK 744 ／ 580ml

韩式风味烧肉饭

用简单的食材组合出令人垂涎的咸香芬芳，理想的吃法是把饭、菜、肉、蛋拌在一起，能同时感受到不同食材在口中巧妙取得平衡的特别味道。

烧肉片材料

猪梅花薄肉片 ··· 100g　　热炒油 ··· 2大匙

A

蒜泥 ··· 1小匙　　糖 ··· 1/2大匙
酱油 ··· 1大匙　　味淋 ··· 1小匙
米酒 ··· 2大匙　　开水 ··· 1大匙

做法

1. 将A所有调味料拌匀备用。
2. 起油锅，热油后将肉片一一入锅煎至单面上色后，翻面的同时加入酱汁，煮至酱汁滚起，取出肉片，将酱汁煮到浓稠，再放回肉片均匀沾裹即可起锅。

凉拌菠菜材料

菠菜 ··· 2 ~ 3棵

A

蒜泥 ··· 1小匙
白酱油 ··· 1小匙
海盐 ··· 少许

B

芝麻香油 ··· 2小匙
熟白芝麻 ··· 1小匙

做法

1. 菠菜洗净，切除根部，以先茎后叶的方式入滚水余烫1分钟。
2. 捞起迅速入冰块水降温、定色。
3. 放凉后挤干水分，切成适口长度，拌入材料A。
4. 试咸淡，味道确认后再拌入材料B。

蛋丝材料

鸡蛋 ··· 1个
海盐 ··· 少许

做法

1. 鸡蛋加少许海盐打散成均匀蛋汁。
2. 平底不沾锅均匀抹上热炒油。
3. 油热后倒入蛋汁，轻轻摇动锅子，让蛋汁布满锅底。
4. 待蛋液不流动时，小心翻面，煎至全熟。
5. 蛋皮离锅，置于有孔洞的大筛网散热。
6. 冷却后切成蛋丝备用。

蒜香胡萝卜丝材料

胡萝卜 ··· 半根　　米酒 ··· 1大匙
蒜末 ··· 1小匙　　海盐 ··· 少许
原色冰糖粉 ··· 1/2匙　　芝麻香油 ··· 1小匙

做法

1. 胡萝卜洗净去皮，切成细丝。
2. 热锅冷油，中小火炒香蒜末。
3. 闻到香味后投入胡萝卜丝炒至熟软。
4. 依序以糖、米酒、海盐调味。
5. 熄火后拌入芝麻香油。

point

装瓶顺序：如有喜欢的韩式泡菜，可先置于罐内，再依序添入白饭及其他食材。

使用的WECK：WECK 742 ／ 580ml

土豆沙拉佐鲑鱼南蛮渍

冰凉滑顺、带着小黄瓜爽脆口感的土豆沙拉，搭配同样冷食的鲑鱼南蛮渍，从冰箱取出立即可食。鲑鱼选用靠近尾端的部位，油脂少一些，并且用干煎取代传统南蛮渍油炸的料理方式，热量也会少一点。

土豆沙拉材料（方便制作的分量）

土豆 … 400g
小黄瓜 … 1根（约70g）
胡萝卜1/3根 … 约70g
罐装玉米粒 … 80g
鸡蛋 … 1个
蛋黄酱 … 80 ~ 100g

做法

❶ 玉米粒充分沥干水分备用。
❷ 小黄瓜纵向对半剖开，用刨刀在切面直向刨下薄片，两半各取3 ~ 4片备用。
❸ 剩余的小黄瓜切成0.5cm的小丁备用。
❹ 胡萝卜去皮切小丁，大小略同小黄瓜，烫熟放凉备用。
❺ 鸡蛋冷水入锅，滚起后炉火转成保持小滚的火力，计时9分钟煮至蛋黄全熟。
❻ 放凉剥壳取出蛋黄，蛋白切丁备用。
❼ 土豆去皮切片，厚度约0.5cm，蒸25分钟（沸腾后开始计时）。
❽ 蒸熟后加入蛋黄趁热捣成泥，放凉备用。
❾ 蛋黄薯泥放凉后，加入除做法❷以外的其他食材及蛋黄酱，全部轻轻拌匀即可。

鲑鱼南蛮渍材料（4 ~ 6人份）

鲑鱼（去骨）… 约400g

A
柴鱼片 … 10g
净水 … 400ml

C
洋葱 … 1/2个
葱 … 2根
辣椒 … 适量
（三者皆切丝备用）

B
日本米醋 … 100ml
味淋 … 3大匙
白酱油 … 4大匙
糖 … 3大匙
柴鱼高汤 … 200ml

做法

❶ 准备附滤网的耐热水壶，将材料A的柴鱼片投入滤网中，净水400ml煮滚后冲入柴鱼片，静置3分钟取出滤网，即完成柴鱼高汤。
❷ 将材料B混合均匀，即为南蛮酱汁。
❸ 鲑鱼分切成小鱼片，以鱼皮朝下的方式入平底不沾锅干煎（不放油），油脂逼出后，将鱼油以纸巾拭去，待表皮焦褐后，换面煎至全熟。
❹ 煎好的鱼片趁热投入做法❷的南蛮酱汁中，并加材料C，密封冷藏1天入味。

point

装瓶顺序：土豆沙拉取需要的分量添入玻璃罐，铺上沙拉做法❷的小黄瓜薄片，鲑鱼沥干酱汁叠放在小黄瓜薄片上，最后以葱丝、辣椒丝装饰。

使用的WECK：WECK 744 ／ 580ml

Chapter

3 常备菜 × 许凯伦

Introduction

我的冰箱里，随时都备有各式各样的常备菜和常备风味料。

只要利用零碎的时间，就可以预先准备好“可以在短时间内保存食用”的常备菜，让我随时都可以“变”出一桌丰盛的美食，或是利用常备风味料，为家常料理带来好味道。这些常备食材，是我不可或缺的厨房宝物，打造我们家轻松又美味的“常备菜生活”。

而在制作与保存常备菜时，玻璃罐是我很喜欢使用的道具。材质安全、密封度佳，对于需要妥善保存的常备菜来说是很适合的器具。而且透明玻璃的一目了然，让里面装盛的料理成为主角，在保存的时候也容易查找，相当便利。

我家里有各种尺寸的玻璃罐：小尺寸的分装海盐、香草等常备调味料，盖上专用的WECK木盖，放在炉台边方便拿取，整洁美观又方便；大尺寸的则来保存干货以及酿制的水果酒，随意地摆在厨房的一角都是好风景。蜜饯零食，我也喜欢用玻璃罐来保存；招待客人的时候，只要把玻璃罐放在托盘上和茶杯一起端上，美观不失礼。

我尤其喜爱用玻璃罐来保存汤汁较多的常备菜，像是适合夏日的番茄冷汤 、利用油渍保留美味的奶酪与鲜虾等，不但不易渗漏，也很方便直接打开就可以端上桌享用。玻璃罐也相当适合用来制作与装盛各式腌渍食品，像是西式风格的醋渍蔬菜或是中华风的酱渍料理，利用玻璃罐来制作，都非常得心应手。

小酌的夜里，我打开冰箱，看到常备着的一罐罐小菜、腌渍食品以及风味料们，整齐的排列在架上，心里开心地盘算着何时来一一品尝它们的美味。拿出一瓶预先备好的“韩式泡菜凉拌墨鱼”，开一罐冰凉凉的啤酒，边吃边聊，一起轻松惬意地度过夏夜时光。

真的很喜欢，我的常备菜生活。

profile

许凯伦

喜爱分享生活与餐桌的专职主妇。
对于家居布置、餐桌料理、杂货食器，有着满满的热情与兴趣；
更热爱着由这一些美好的元素，构织而成的生活样貌。
现与另一半及孩子们慢活在台南。
著有《常备菜：跟着凯伦作四季皆宜的冷／暖食料理，轻松优雅端出一桌子丰盛！》一书。
部落格　http://dearcaren.pixnet.net/blog
Facebook　许凯伦の台南窝居笔记

蜂蜜柠檬酒

很喜欢喝水果酒的我，最常做的，就是这款蜂蜜柠檬酒。用浓烈的伏特加泡入新鲜的柠檬果肉，让时间将柠檬的香气和酸甜滋味，慢慢地融入酒中。

夏日里，斟上满满一小杯或是加入冰块与苏打水做成冰凉微醺的气泡饮，都是绝佳享受。泡制的时候同时使用柠檬果肉和少许果皮，萃取出浓厚果香。但要记得果皮不要泡太久，会容易变苦。

材料

黄柠檬 … 6个
伏特加酒 … 1200ml
蜂蜜 … 150ml

做法

❶ 将黄柠檬洗净，表皮用煮沸的热水略微烫过，拭干。

❷ 6个黄柠檬全部去皮，连同白色的外皮也要切除，只余下果肉部分。取其中2份的柠檬皮，把白色的部分削除，只留下黄色的皮，备用。

❸ 将柠檬果肉全数放入玻璃罐内后，将蜂蜜倒入，再倒入所有的伏特加酒。

❹ 把刚刚削好备用的黄柠檬皮放入酒中，密封，放置于阴凉处。

❺ 3周后，用干净的夹子先将柠檬皮取出，然后继续密封。

❻ 3个月后，将果肉取出。此时已可饮用，但建议可过滤渣滓后装瓶冷藏继续陈酿，味道会更好。

point

可食用： 3个月后
可保存： 3 ~ 9个月
使用的WECK： WECK 739 ╱ 2700ml

奶油红酒鸡肝抹酱

在西式餐馆用餐时，常有机会吃到浓郁滑顺的肝酱，抹在烤得酥脆的面包片上享用，是我很喜爱的前菜点心，所以也开始尝试着在家自己做鸡肝酱：在市场里和信赖的肉摊买了新鲜红润的鸡肝，加上奶油和各式香料及蔬菜，最后添上红酒，增添香气和口感的层次，相当美味。

忙碌的午间时分，我喜欢拿几片长棍面包片，抹上薄薄一层自制肝酱，再堆上一些生菜或是水煮蛋切片，配上一杯气泡水，就是一顿快速清爽的轻食午餐。

材料

鸡肝 … 300g
奶油 … 60g
橄榄油 … 1/2大匙
洋葱 … 1/2个
大蒜 … 3瓣
嫩姜 … 1小节
月桂叶、丁香 … 各少许
百里香 … 1 ~ 2支
红酒 … 1/2杯
盐、胡椒 … 各适量

做法

❶ 将新鲜的鸡肝放在流动的清水之下洗净杂质，再将白色的筋膜、血管以及血块切除，轻轻地吸干水分，每一片鸡肝切成2 ~ 3等份。洋葱切成丝，大蒜切薄片。

❷ 在平底锅里放入30g的奶油及1/2大匙的橄榄油加热，放入鸡肝，将两面都煎成微微的焦黄色。

❸ 从锅中取出煎好的鸡肝，放置一旁备用；原锅不用关火，放入大蒜和洋葱煸炒至洋葱软化；加入月桂叶和丁香、百里香叶以及姜泥，拌炒均匀。将鸡肝放回锅中，倒入红酒，煮到微滚一会儿后关火。

❹ 取出月桂叶，把所有的材料（连同汤汁），以及剩下的奶油一起放入食物调理机中，打到呈柔滑流质的酱状之后装瓶。大约半小时之后，待冷却变成厚实可以涂抹的质地。加盖密封冷藏。

point

可食用：30分钟后
可保存：5 ~ 7天
使用的WECK：WECK 900 ／ 290ml

西班牙番茄冷汤

这是一道可以“喝”的沙拉。以熟红饱满的番茄为底，与满满的香料蔬菜一起打成浓汤，打的过程里，厨房里弥漫着新鲜的蔬果香气，让人好着迷。然后加入初榨橄榄油以及优质的白酒醋搅打拌匀，浓郁又清爽。我喜欢再添上一抹辣，放入我超爱的拉差辣酱（Sriracha），酸辣开胃，让味道更成熟有层次。

将这道汤品做好之后冷藏起来，想吃的时候只要添入一些烤得酥脆的面包丁和切碎的西芹，再淋上更多的初榨橄榄油就可以吃了。冰凉凉的，非常适合没有食欲的夏日。

材料

西红柿 … 4个（约600g）
小黄瓜 … 1根
紫洋葱 … 1/2个
红甜椒 … 1/2个
大蒜…2 ～ 3瓣
初榨橄榄油 … 3大匙
白酒醋 … 2小匙
拉差辣酱（Sriracha）… 1 ～ 2小匙
盐、胡椒 … 各少许

做法

❶ 将番茄、红甜椒、洋葱都切成大块。小黄瓜削去绿皮也切块，撒上盐和胡椒调味。

❷ 全部放入果汁机或食物调理机里，打成细致的泥状。若觉得太浓稠不好打，可以加入小半杯冷开水一起打。

❸ 打好后用滤网过滤，把没有打碎的果皮和籽过滤掉，让口感可以更细致。

❹ 加入白酒醋与初榨橄榄油，用打蛋器搅打拌匀，让汤略呈乳化，橄榄油彻底地溶入汤汁之中。然后依个人喜好，加入拉差辣酱拌匀。

❺ 装瓶冷藏保存。约等待半日后，风味会更加融合。食用时建议再淋上一些初榨橄榄油，随意地添加面包丁或是鲜艳的蔬菜丁来装饰。

point

—

可食用：半日后

可保存：2 ~ 3天

使用的WECK：WECK 744 ／ 580ml（适合2人份主餐或是4人份汤品）

油渍香草奶酪

另一半很爱吃软质的奶酪。不论是当作佐酒的小点或是入菜料理，都是他的最爱。但每次开封一整块的软质奶酪后，总是吃不完，想着要怎么保存，才能保持风味同时不会因为坏掉而浪费，实在是伤透脑筋。

后来学到了这个油渍的方式，不但可以让软质奶酪的保存时间延长，同时可以随喜好添加喜爱的香草，让香草与油的风味渗入奶酪中。甚至比原来的味道更好呢！

材料

A

布里奶酪（Brie）… 约100g
新鲜百里香 … 1 ~ 2支
初榨橄榄油 … 适量

B

蓝纹奶酪（Blue-Veined）… 约100g
大蒜 … 2 ~ 3瓣
鼠尾草 … 数片
初榨橄榄油 … 适量

C

莫扎瑞拉奶酪（Mozzarella）… 约100g
新鲜罗勒叶 … 少许
油渍半干圣女果 … 7 ~ 8颗
初榨橄榄油 … 适量

做法

❶ 将各种奶酪切成或是剥成小块状，分别放入玻璃罐中。

❷ 各自加入香草（也可以另外选择自己喜爱的香草或是胡椒等材料），注入适量的初榨橄榄油。
＊注意：油的分量要可以盖过所有的奶酪。

❸ 冷藏密封保存，约1周后可以享用。

❹ 油渍奶酪可以单吃，也可以将奶酪和橄榄油一起抹在面包片上烘烤或是搭配橄榄、坚果或是与无花果一起享用，风味绝佳。泡过奶酪的橄榄油也可以再利用，充满了香草和奶酪的风味，用来做沙拉油醋酱汁非常适合。

point

可食用：1周后
可保存：约3~4周
使用的WECK：
WECK 901 ／ 560 ml
WECK 740 ／ 290 ml
WECK 741 ／ 370 ml

油封西班牙腊肠与鲜虾

很爱做这道充满小酒馆风格的下酒小菜。西班牙腊肠（Chorizo）的咸鲜滋味，加上现剥鲜虾的软嫩，全部用橄榄油低温慢慢地油封起来，一方面方便保存，另一方面，油封后腊肠里的脂香与烟熏红椒粉的香气与鲜虾的海味融合，非常美味。

夏夜里开瓶啤酒，边吃边聊，真是幸福。

用来油封的橄榄油充满了鲜香，也很方便再利用，不论是拿来拌炒意大利面，或是拿来烤芦笋等蔬菜，都非常合适。

材料

带壳鲜虾 … 12只
西班牙腊肠 … 1根
大蒜 … 4 ~ 5瓣
红椒粉 … 少许
干辣椒 … 1个
迷迭香 … 1支
橄榄油 … 200ml
盐、胡椒 … 各适量
新鲜柠檬片 … 2 ~ 3片

做法

1. 将虾去头去壳，只留下尾端，挑去肠泥。西班牙腊肠切成薄片。
2. 把大蒜磨成蒜泥，和少许橄榄油、红椒粉、盐、胡椒混合，和虾一起抓匀，静置略腌30分钟。
3. 取一个小型深锅，放入腌好的虾、腊肠、辣椒、迷迭香，再将橄榄油倒入盖过所有食材，开中小火慢慢加热，全程不搅拌。
4. 加热到油的表面开始冒出很多白色泡泡，虾表面变色即可关火，用余温将食材焖熟。放入切成角形的柠檬片，一起放凉。
5. 将食材连同油一起装罐，密封冷藏保存。食用前可以先取出待与室温一致时即可食用。没有用完的油可以冷藏保存再利用来拌炒蔬菜或意大利面，建议10天~ 2周内食用完毕。

point

可食用：立即

可保存：5天

使用的WECK：WECK 742 ／ 580ml

凉拌盐海带柠檬卷心菜丝

在家里做唐扬鸡块或是烤五花肉这类重口味的料理时，我都会再做一点简单爽口的凉拌卷心菜丝来搭配。

若是西式料理，我会加入芥末籽和白酒醋，做成有点呛口的口味；日本料理的话，盐海带就是我常常使用的素材。

盐海带本身的盐分以及香气，就是最好的调味，另外加入一些柠檬，让卷心菜丝吃来更酸甜清爽。它也很适合单独当作开胃小菜，是很百搭的一道常备料理。

材料

卷心菜 … 1/4个
盐 … 适量
干海带 … 5g
柠檬 … 1/2个
千鸟醋 … 1大匙
糖 … 1/2小匙
香油 … 1小匙

做法

❶ 将卷心菜洗净，切成细丝状，放入盆内。撒入适量的盐，和卷心菜丝一起抓匀，静置约30分钟～1小时，让卷心菜出水微微变软。

❷ 柠檬切下2～3薄片，再十字切成角形，剩下的柠檬挤成柠檬汁。

❸ 把变软的卷心菜丝放在流动的清水下，尽量将盐分完全洗掉，然后将水分拧干。

❹ 将糖、醋、柠檬汁加入卷心菜中混合均匀，最后放入盐海带和柠檬片，淋上一点点香油，装罐密封冷藏保存。

point

可食用：半日后
可保存：4～5天
使用的WECK：WECK 742 ／ 580ml

辣渍小黄瓜

小黄瓜真的是我心目中最适合拿来做常备小菜的蔬菜了，清脆爽口，容易调味，四季皆宜。

这次我用添加了香辣花椒油的中华风油醋酱汁来酱渍它，为了搭配这样的重口味，将小黄瓜切成较大的粗长条状，让它入味之余，在长时间浸渍下仍然可以保持爽脆。

在家自制这样新鲜清爽的辣酱瓜，安心又可口。

材料

小黄瓜 … 3 ~ 4根
鲜姜 … 5片
酱油 … 2大匙
米醋 … 2大匙
糖 … 1大匙
花椒粒 … 少许
水 … 100ml
辣花椒油 … 1大匙

做法

❶ 将小黄瓜洗净，切去头尾，再切成两段，每段都要比所使用的玻璃罐的高度略短一些。然后再十字纵切成四等份。

❷ 把切好的小黄瓜，一条一条直直地放入玻璃罐中，尽可能的排列紧密，把所有的小黄瓜条都排进去，空隙处再插入鲜姜片。

❸ 将酱油与米醋、糖、水、花椒油与花椒粒一起放入小锅中煮至微滚，趁热立刻倒入放了小黄瓜条的保存瓶中。

❹ 待酱汁放凉后，密封冷藏保存。

point

可食用： 2天后
可保存： 5 ~ 7天
使用的WECK： WECK 742 ／ 580ml

韩式泡菜凉拌墨鱼

这又是一道相当开胃的下酒良伴。

用好吃的韩国泡菜来调味，微微的酸辣滋味，搭配软嫩的墨鱼、清脆的芦笋，以及爽口的洋葱与胡萝卜丝一起吃，会让人忍不住一口接一口。

像这样又下酒又下饭的凉食料理，平时多做一份放在冰箱里，不管是临时有朋友来搭伙或是想要小酌的夜里，都立刻能派上用场。

材料

墨鱼 … 1尾
芦笋 … 6 ~ 8根
洋葱 … 1/4个
胡萝卜 … 1/3根
韩式泡菜 … 100g
韩国辣椒粉 … 2大匙
酱油 … 1大匙
味淋 … $1\frac{1}{2}$大匙
柠檬汁 … 1大匙
大蒜 … 3 ~ 5瓣
麻油 … 2大匙
白芝麻 … 少许
清酒 … 少许

做法

❶ 将墨鱼内脏清除洗净，剥去外皮并切成长条状。芦笋切成短条状，洋葱与胡萝卜切成丝；韩式泡菜也略切成条状，大蒜磨成蒜泥备用。

❷ 平底锅中放入1大匙的麻油热锅，放入芦笋略拌炒至表面油亮；再放入墨鱼一起拌炒至墨鱼全熟，淋上少许清酒呛出香气后关火。

❸ 取出墨鱼与芦笋，放入干净的大钵中；往钵里加入洋葱丝、胡萝卜丝、泡菜、蒜泥、酱油、味淋、柠檬汁，一起拌匀。

❹ 接着撒上辣椒粉抓匀；最后淋上麻油及少许芝麻。装瓶密封冷藏保存。

point

—

可食用：立即
可保存：约2天
使用的WECK：WECK 744 ／ 580ml

牛肉与梅干海苔佃煮

绞肉料理是肉类常备菜里很基本的一款。但同时它也是多变化的一道常备菜，利用不同种类的肉、不同的调味，或是不同的料理方式，都可以变幻成不同的风味。

这道牛肉与梅干海苔佃煮，用比较和风的调味，煮起来带有微酸的梅干香气，加上海苔的海潮香，味觉上是很丰富的一品。非常适合作为便当常备菜，或是简单的拌饭拌面都很好吃。

材料

牛绞肉 … 250g
寿司海苔 … 5大片
日式梅干 … 3个
清酒 … 60ml
味淋 … 30ml
酱油 … 1大匙
糖 … 1/2大匙
柴鱼高汤 … 1/2杯

做法

1. 将海苔片用手撕成小碎片，梅干去核后切丁。
2. 将清酒、味淋、高汤、酱油、糖、切碎的梅干，一起放入小型深锅里煮至微滚。
3. 放入牛绞肉，转小火，慢慢地拌煮至绞肉全熟。
4. 放入撕成小片的海苔一起拌匀，再继续拌煮至尽量收汁即可。
5. 放凉后装入瓶中，密封冷藏保存。

point

可食用：立即
可保存：约4 ~ 5天
使用的WECK：WECK 744 ／ 580ml

菜花咖哩风味醋渍

各式各样的醋渍蔬菜，可以说是西式罐装常备菜里的经典了。

最常见的当数腌黄瓜，但其实不只是小黄瓜适合，只要利用手边有的蔬菜，加上糖、醋、盐所调成的渍汁，就可以快速做成美味又好保存的各式泡菜。

我最喜欢的泡菜，是菜花加上咖哩香料的组合。用来搭配烤鸡肉，淋上一点优格酱，带着淡淡的咖哩香，酸脆可口。

材料

菜花 … 1朵
水果甜椒 … 1 ~ 2个
白酒醋 … 150ml
水 … 300ml
糖 … $2\frac{1}{2}$大匙
盐 … 1小匙
咖哩粉 … $1\frac{1}{2}$小匙
红椒粉 … 1小匙
月桂叶 … 1 ~ 2片
丁香 … 少许
小茴香籽 … 少许

point

可食用：约1 ~ 2周
可保存：约2 ~ 3周
使用的WECK：WECK 745 ／ 1062ml

做法

1. 将菜花菜的花球一小朵一小朵地切下，彻底冲洗干净后撒上一些盐和菜花抓匀，静置30分钟左右让菜花软化。另外将甜椒切成薄片。
2. 把微微出水后变软的菜花放在流动的清水下，尽量将盐分完全洗掉，然后轻轻地将水分拧干。
3. 在玻璃罐中放入月桂叶和丁香、小茴香籽，然后将菜花与甜椒放入瓶中；尽可能地排列紧密些，一边放一边向下微微压紧，直到将所有的花球都放入。最上面撒上咖哩粉及烟熏红椒粉。
4. 将水和白酒醋、糖、盐一起放入小锅中煮至糖盐全部溶化；再小火煮至微滚后关火，趁热倒入瓶中盖过食材。
5. 将玻璃罐微微摇晃，让食材与香料可以混合。静置放凉后冷藏保存。

芹香蘑菇酱

太爱吃蘑菇，所以尝试做了这一罐方便又常备的蘑菇酱。做法很简单，只要用橄榄油小火慢慢地炒出蘑菇的浓郁香气就很棒。

要食用的时候也很方便，加上一些奶油同煮，就成了搭配牛排的蘑菇奶油酱；舀一大勺和意大利面一起拌炒，再切几颗圣女果丢进去，就成了茄香蘑菇面；我最喜欢炒海鲜时加一些，香浓的味道与鲜虾蛤蜊的海味融合，是桌上特别受欢迎的一道料理。

材料

蘑菇 … 1盒
鲜香菇 … 5 ~ 6朵
大蒜 … 4 ~ 5瓣
大红辣椒 … 1/2个
新鲜西芹叶 … 1小把
橄榄油 … 4大匙
白酒 … 2大匙
盐、胡椒 … 各适量

做法

1. 将蘑菇及生香菇表面的沙土轻轻冲洗干净，切去蒂头。辣椒去籽。
2. 将蘑菇与大蒜、西洋芹、辣椒一起放入食物调理机中，搅打成粗末状或是也可以用刀来切，尽量细切成细丁状。
3. 平底锅里放入橄榄油热锅，转中小火，将切细的食材全部放入锅中，撒上少许盐和胡椒，慢慢地用小火拌炒，注意不要烧焦。
4. 约须拌炒8 ~ 10分钟，待菇类的水分消失呈干松质地，把白酒加进锅里增加香气，尝一下味道，再用盐和胡椒调味。继续拌炒约3 ~ 5分钟，让香味更显。
5. 做好的蘑菇酱放入保存瓶内，放凉后在表面再淋上一些橄榄油，密封冷藏保存。

point

可食用：立即
可保存：约5天
使用的WECK：WECK 762 ／ 220ml

Idea column

四种常备风味料

大蒜香草油

这是喜爱大蒜风味的我们家必备油，可以为料理增添蒜香；泡制过的大蒜也不用浪费，可以与蔬菜一起放入烤箱烘烤，好吃极了！

- **使用的玻璃罐：**WECK 763 ／ 290ml
- **可食用：**3日后
- **可保存：**约2 ～ 3周
- **材料：**大蒜瓣10 ～ 12瓣、迷迭香1支、干辣椒1个、橄榄油适量。
- **做法：**将大蒜与迷迭香及干辣椒放入瓶中，注满橄榄油即可。

酒渍干贝

需要泡发才能料理的干贝，先用酒泡渍起来，这样随时取出都可以立刻使用。加上它，即使只是简单的蒸蛋或是炒蔬菜都美味十足。

- **使用的玻璃罐：**WECK 762 ／ 220ml
- **可食用：**隔日
- **可保存：**1 ～ 2个月（需冷藏）
- **材料：**干贝4 ～ 5个，清酒或烧酎适量。
- **做法：**将干贝表面拭净，放入瓶里，注满清酒即可。需冷藏保存。

柠檬盐

将香气清新的柠檬皮与海盐预先混合，使用和保存都方便。喜欢在烤物上撒上一些，或是用来蘸食烤肉，都能带来清爽味觉。

- **使用的玻璃罐：**WECK 761 ／ 140ml
- **可食用：**立即
- **可保存：**约2 ～ 3周（需冷藏）
- **材料：**黄柠檬皮3个份、海盐60g。
- **做法：**用刨刀刨下黄柠檬的皮丝，与海盐一起混合，放入食物调理机搅打，或用刀略微切拌，使其均匀即可。需冷藏或冷冻保存。

盐麴油葱酱

极为方便的快速常备酱料。青葱的水嫩和盐麴的甘郁好合拍，不论是轻烫的肉片或是快蒸的时蔬，都很适合搭配。

- **使用的玻璃罐：**WECK 761 ／ 140ml
- **可食用：**立即
- **可保存：**5 ～ 7天（需冷藏）
- **材料：**青葱4根、蒜泥1大匙、姜泥1/2大匙、盐麴$1\frac{1}{2}$大匙、味淋1大匙、米醋1/2大匙、香油2大匙。
- **做法：**将青葱切成细末（葱白与葱绿部分都使用），与所有材料混合即可。需冷藏保存。

家中常备菜，
可以时时享用，还可以
为其他料理锦上添花。
趁空闲随手做起来，
而后用玻璃罐保存，
美观又方便。

Chapter

4 甜点 × 爱米雷

Introduction

因为受出版社的邀请，设计一系列适用于玻璃罐的甜点，于是开启了我与玻璃罐的缘分，它耐受高低温的特性，让我在烘焙和设计甜点时，又多了许多选择。

是啊，谁说烘焙甜点只能用一般的金属烤模呢?

玻璃罐能耐受高温至220℃，大部分需要烘烤的甜点都可以适用，即使是需要较高温烤到表面略带焦酥的英式苹果奶酥，使用较浅而广口的玻璃罐也完全不用担心耐热问题，需要隔水蒸烤的舒芙蕾乳酪蛋糕也可以用玻璃罐来制作，不需要像一般活动式金属烤模必须在外层包上铝箔纸隔绝水汽，玻璃材质也很容易脱模。

焦糖香草布丁或者焙茶奶酪之类含有酱汁的甜点使用玻璃罐更是方便，扣紧有胶条的上盖就可以紧密不渗漏，可以安心地携带外出，透透亮亮的样貌，即使作为礼物赠予他人也大方得体。

习惯上大多做成长条状的香蕉蛋糕，这次我特地使用长形小玻璃罐来制作，杯状的造型在顶上隆起可爱的圆顶，也别有趣味呢!

冷藏类的甜点使用玻璃罐更是得心应手，除了视觉上比一般常用的塑料杯来的清透美观，也少了对塑料食器内含塑化剂的疑虑担心，我特别喜欢小尺寸的玻璃罐，不论是直线条(WECK 762)或者圆弧造型(WECK 762)，在透明的玻璃罐中交错重叠一层层的美丽食材，光是用眼睛看都觉得心满意足，呈现出来的成品样貌在整体质感上立刻加了好多分。

现在您是不是也和我一样恍然大悟，各种尺寸的玻璃罐，除了当成存放食物的密封罐之外，原来还能当成烘焙工具呢! 发挥您的巧思和创意，也许就能想出更多用玻璃罐制作甜点的巧妙好点子哦!

profile

爱米雷

凭着一颗憨胆在台北经营咖啡店将近10年，喜欢天然原味的手作甜点的温度，10年来坚持在院子咖啡店提供，不使用半成品，或者添加香料色素的手工甜点。

没有上过一天专业烘焙课程，只有10多年来在点心台和餐桌上累积的实务制作心得与经验，结束咖啡店工作后，现在台北市近郊经营"爱米雷烘焙教室"，分享甜点烘焙的自学之路与经验。

部落格　http://amyrabbit-baking.blogspot.tw

Facebook　爱米雷烘焙教室

焦糖香草布丁

是很适合刚开始学习甜点的入门选项，
没有令人紧张的技巧，
不需要专业工具，
只需要注意烤温和时间，
即使烘焙新手也能轻松烤出超完美滑嫩布丁。
这个完全不加一滴水的布丁配方，
低温隔水蒸烤的方式，
特别适合用玻璃瓶来制作，
盖上盖子，更是一道适合春日野餐的甜点主角。

材料

鸡蛋 … 1个
蛋黄 … 1个
鲜奶油 … 120ml
鲜奶 … 120ml
砂糖 … 30g
天然香草籽 … 少许

※ 焦糖部分

砂糖 …80g
水 …20ml

做法

❶ 先制作焦糖，糖和水一起倒入干净无油的小锅，先开中大火，开始滚沸后转成中小火，锅边开始变色时，用汤匙轻轻将边缘的焦糖向中心划，或者轻轻摇动锅子也可以，煮到呈现琥珀色时，加1大匙热水并立即关火，趁热舀入容器中，冷却后备用。

❷ 鸡蛋和蛋黄一起放入钢盆中搅散。

❸ 砂糖加入小锅中，将香草豆荚剖开，香草籽刮出，连豆荚一起放入小锅，再加入鲜奶和鲜奶油，以中小火加热，一边搅拌，使底部砂糖充分溶解，之后可转中大火，加热至锅边缘冒出小泡泡即可关火。

❹ 用一只手搅打做法❷的蛋汁，另一只手徐徐将做法❸倒入做法❷中，全部倒入后，再过筛滤去杂质与小气泡倒回原本的小锅中。

❺ 将做法❹轻轻注入盛装焦糖浆的容器中，烤盘中加些水，放入预热至150℃的烤箱中，隔水烤20 ~ 25分钟，以竹签测试没有粘黏就表示烤好了。

point

使用的WECK：WECK 080 ／ 80ml×4个

法式糖渍橙片

法国人的蜜饯，
一片片晶莹亮丽，
宛如精美宝石一般，
呈现诱人光泽，
封存在玻璃罐中的成品，
仿佛艺术品般的精巧动人。
方便保存也适合展示，
只要灵活运用糖渍的手法，
可以变化出不同口感与色泽。
例如喜欢更脆硬些的话，
可以切得比食谱中薄一点，
然后延长烘烤的时间，
完成后也非常适合用作蛋糕或甜点的华丽装饰，
一次不妨多做一些，
当成伴手礼绝对大受欢迎！

材料

新鲜柳橙 … 3个（亦可使用柠檬或葡萄柚）
糖量 … 柳橙重量的90%
水：糖=1：1

做法

1. 柳橙切成约0.3mm片状，放入锅中，加水盖过煮沸后将水倒掉如此重复3次。
2. 1：1的糖加水煮溶后倒入玻璃罐，再将橙片泡入第二天开始，每天滤出糖水并秤重，加入糖水重量15%的糖煮溶后将橙片再次泡入，重复至第六天时，滤出糖水后仅需煮滚，不再加糖将橙片泡入。
3. 浸泡至第七天时，烤箱先预热至100℃，底部放烤盘承接滴落的糖水取出橙片，置于网架上，放入预热完成的烤箱内烘烤约1小时放入玻璃罐中密封保存。

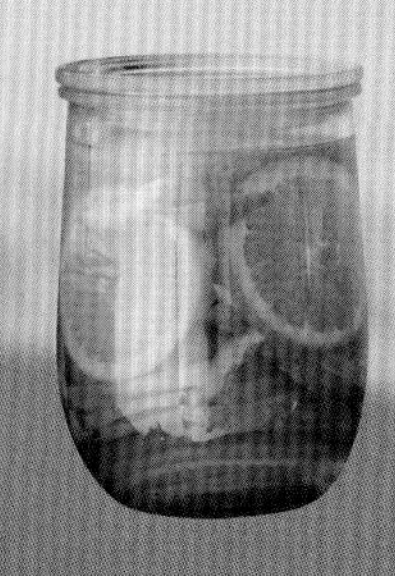

point

可食用：30分钟后
可保存：5 ~ 7天
使用的WECK：WECK 745 ／ 1062ml×1个

杯烤红糖核桃香蕉蛋糕

口感偏向扎实的奶油磅蛋糕，
吃起来如果干巴巴，
口感会很不好！
成功又美味的香蕉磅蛋糕，
闻得到香蕉天然的浓郁甜香，
在扎实与湿润两者间完美平衡。
来自美国嬷嬷的经典配方，
每一口都能够尝到面粉、奶油
和香蕉微妙融合的香气，
建议使用金属、陶瓷或玻璃罐，
因为材质硬挺，
能让蛋糕向上膨胀，更易烤出美丽的裂痕！

材料

无盐奶油 … 55g
低筋面粉 … 50g
高筋面粉 … 50g
鸡蛋 … 1个
红糖 … 55g
泡打粉 … 2.5g
碎核桃 … 适量
熟透香蕉 … 60g
温牛奶 … 15ml
原味优格 … 30g

做法

❶ 玻璃瓶内薄薄涂上一层奶油后，撒上高筋面粉，方便完成时脱模，放冰箱冷藏备用。选择熟透的香蕉，剥皮并压成泥状，鸡蛋浸泡在温水中温热（point 1），核桃剥碎后先稍微烘烤至表面微微上色的程度。

❷ 无盐奶油预先在室温下软化（point 2），放入钢盆，用搅拌器搅拌成蛋黄酱状将红糖一口气加入，搅打至奶油变得蓬松发白。

❸ 鸡蛋打散后一次一点加入奶油中，看不见蛋液了再继续加，避免油水分离。

❹ 两种面粉和泡打粉混合过筛加入，大致搅拌一下，在仍有干粉的状态下拌入核桃与香蕉泥，最后加入常温优格及鲜奶拌匀。

❺ 放进预热至180℃烤箱中，烤25 ~ 30分钟，以竹签测试，没有粘黏的话就是烤好了。

point

❶蛋液必须是接近体温的温热状态，加入奶油时才不会使奶油发生油水分离的状态。
❷室温下软化的奶油指的是以手指稍微用力按压可压出指痕的程度不可过软或溶化，若不小心过度加热以至于奶油溶化，须更换一份新的。

使用的WECK：
WECK 760 ／ 160ml×4个 或WECK 740 ／ 290ml ×2 个

黑白双色巧克力慕斯与焦糖榛果

这道双色巧克力慕斯使用黑白两种巧克力，
做成两款丝缎般柔滑的巧克力慕斯，
和坊间通常要添加凝固剂的配方不同，
简单的食材却能做出口感绵密又清凉的巧克力。
搭配自制的焦糖榛果，
慕斯滑软、榛果香脆，一柔一刚，
吃进口中是完美平衡的和谐，
剩下的焦糖榛果可以放在冷冻库保存，
吃冰激凌或松饼的时候随意撒上一些，
还能增添几分香气和爽脆的咀嚼乐趣。

材料

苦甜巧克力 … 45g
白巧克力 … 45g
无盐奶油 … 5g
蛋黄 … 2个
蛋白 … 2个
鲜奶油 … 100ml
香橙酒 … 10ml
白砂糖 … 1/3杯
烤过的榛果 … 适量

做法

❶ 苦甜巧克力与无盐奶油放入干净无水分的小锅中隔水加热至溶化，白巧克力另置一锅，同样隔水加热溶化。外锅的水温不用太高，以免造成巧克力与水分离，过程中轻轻搅拌均匀。

❷ 两锅巧克力中分别加入一个室温蛋黄及香橙酒拌匀。接着将温热鲜奶油慢慢加入，搅拌均匀。

❸ 蛋白放入钢盆中，先以低速打散，加入一大匙砂糖，继续以中速打至五分发加入全部砂糖，以中高速打发至蛋白拉起有尖角。分别拌入做法❷的两锅巧克力糊中，轻柔拌匀。

❹ 两色巧克力糊以黑白相间的方式倒入容器中，把表面刮平，在桌面上轻敲几下放入冰箱冷藏。

❺ 制作焦糖榛果：砂糖放入小锅中，以中小火加热至糖溶化变色将小锅从火上移开，加入烘烤过的碎榛果略拌一下，倒在平盘上放凉备用。

❻ 食用时在冰凉的巧克力慕斯上加一匙打发鲜奶油，焦糖榛果可掰成片状，或者敲碎，撒在巧克力慕斯上。

point

—

蛋白及蛋黄都必须提前退冰恢复室温，才容易与巧克力糊拌匀。

使用的WECK： WECK 762 ／ 220ml ×3个

英式苹果奶酥

来自英国的传统甜点苹果奶酥，
在英国是大人小孩都喜欢的一味甜点，
酸甜的糖煮苹果搭配上面烤得酥香的奶酥，
如果再加上一球香草冰激凌，
真的会让人一口一口停不下来，
简单的步骤和做法，
也很适合跟孩子一起制作！

材料

※奶酥部分

无盐奶油 … 25g
低筋面粉 … 25g
黄砂糖 … 15g
榛果或杏仁碎粒 … 25g

※糖煮苹果

苹果 … 2个
砂糖 … 50g
奶油 … 20g
柠檬汁 … 1/2个份
肉桂粉 … 少许

做法

❶ 坚果类先稍为烘烤过，再切碎备用，烤箱先预热至210℃。

❷ 煮苹果：苹果去皮切小块（约2cm大小），平底锅加热，在锅面上撒一层糖，糖煮溶过一半时加入奶油，略拌一下后加入苹果、肉桂与柠檬汁，拌炒一下，煎煮大约3～5分钟后盛出放凉。

❸ 奶酥部分：除了奶油之外，所有材料加入钢盆中拌匀，奶油切成1.5cm左右丁块加入，以手指尖端将奶油捏碎，并且与其他材料捏成小块状即可。注意过程中勿让奶油溶化，若奶油因手温变得太软的话，可以再放回冰箱降温。

❹ 烤模中先加入冷却的糖煮苹果，再将做法❸的奶酥撒在上面，建议完整覆盖整个表面放入已完成预热至210℃的烤箱中，烤大约15～20分钟，奶酥表面上色即可，可以搭配1匙打发鲜奶油或冰激凌一起食用，美味加倍。

point

使用的WECK：WECK 740 ／ 290ml ×2个

舒芙蕾蓝莓乳酪蛋糕

相对于口感厚重扎实的重乳酪蛋糕，
自家制作，使用真材实料的舒芙蕾轻乳酪蛋糕，
有着同样馥郁绵长的奶香味，
但吃起来更多了爽口不黏腻的雅致风味。
伴随着搭配的水果清香，
非常适合在炎夏里细细品尝，
在松软而细密的蛋糕纹理中，
丝毫不逊于重乳酪蛋糕的独特滋味，
用玻璃罐当成烤模来制作，
完成后直接在罐中放凉冷藏，可以随身携带，还可以送人，
只需要盖上瓶盖，即可完美密封，
还省去了包装上的麻烦。

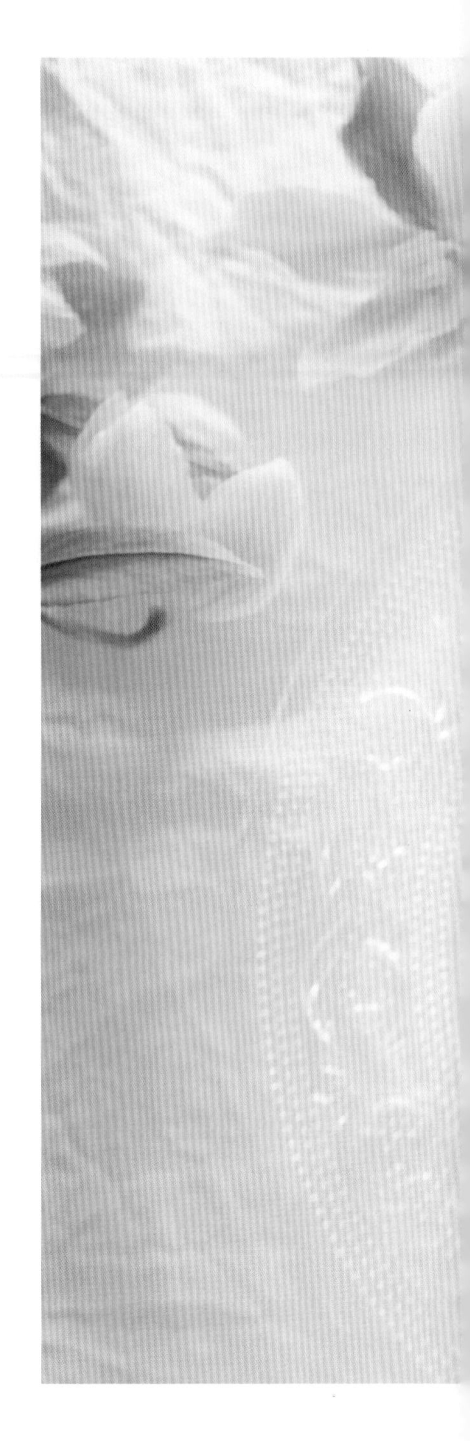

材料

※ 奶油奶酪

奶油乳酪 … 100g
无盐奶油 … 30g
牛奶 … 110g
柠檬汁 … 半个份
蛋黄 … 2个
玉米粉 … 35g
细砂糖 … 15g

※ 蛋白霜

蛋白 … 2个
砂糖 … 35g
蓝莓果酱 … 1大匙

做法

❶ 烤盘内加水，以上火170℃、下火150℃预热。

❷ 奶油奶酪和牛奶一起放入小锅中加热至溶化，搅拌均匀后依序加入奶油、砂糖与柠檬汁拌匀。

❸ 蛋黄与蛋白分开，蛋白冷藏备用，将蛋黄分次加入做法❷中拌匀，再将玉米粉筛入轻轻拌匀，滤网过筛一次后备用。

❹ 制作蛋白霜：蛋白倒入干净无水无油的钢盆中，以电动搅拌器大致搅散后即加入全部的糖以中、低速搅打约至蛋白霜呈现细致洁白、有光泽与纹路，将搅拌器拉起时，蛋白霜呈现弯钩状即可。

❺ 取1/3蛋白霜加入做法❸中，混合均匀后，再加入剩下的2/3蛋白霜，仔细地混合，但是动作必须轻柔，避免蛋白消泡，先舀2 ~ 3大匙放入烤模中，加入1大匙蓝莓酱搅拌均匀后将剩下的乳酪糊全部倒入。

❻ 先以上火170℃、下火150℃烘烤约10分钟，此时蛋糕表面应该已经膨起，打开烤箱并调下火至100℃ ~ 120℃，继续烤30分钟，若时间未到，表面已经完成上色，可调降上火至完全烤熟。

point

烘烤过程中，需要时时注意观察蛋糕的变化，随时调整温度。如表面开始出现裂纹，可立刻将烤箱打开，快速降温。

使用的WECK：

WECK 741 ／ 370ml×2个

浓情半熟巧克力蛋糕

这款蛋糕是我当年开咖啡店时，
店里历久不衰的人气巧克力甜点，
使用纯天然素材制作，
完全不含人工添加物。
划开刚刚烘烤完成的蛋糕，
温热的巧克力缓缓流出，
空气里满溢着温暖浓郁的巧克力香，
这画面光是想象就让人心动不已啊！
还可以贪心的搭配1匙打发鲜奶油或者新鲜蓝莓，
冰凉与温热的同时刺激着口腔，
绝对是会让脑内啡大量分泌的疗愈系甜点！

材料

苦甜巧克力 … 125g
鸡蛋 … 2个
蛋黄 … 1个
无盐奶油 … 100g
低筋面粉 … 60g
细砂糖 … 50g

做法

❶ 苦甜巧克力和奶油一起放入大碗中隔水加热或是以微波炉加热至全部溶化后，用橡皮刮刀轻轻搅拌融合。在烤模内面涂上一层奶油，撒些高筋面粉，放冰箱冷藏备用。

❷ 鸡蛋和蛋黄一起放入钢盆中，打散后加入砂糖，用电动搅拌器打到在表面画一个8字形，能稍微停留1秒钟左右的程度。

❸ 将仍然温热的巧克力液体迅速一次倒入蛋糊中，一边旋转钢盆，用橡皮刮刀大幅度地从底部捞起面糊，反复切拌数次混合。

❹ 均匀混合后，把低筋面粉筛入，和做法❸一样，一边旋转钢盆，一边用橡皮刮刀以切拌方式混合面粉，看不到面粉就要停止。

❺ 用汤匙将面糊舀入杯中至平，在预热至175℃的烤箱中先烤8分钟，观察蛋糕表面中央仍有些微湿润浓稠感，而边缘较硬，且可以稍微与烤模分离，就表示完成了；若手指轻轻碰触就破皮的话，以每次1分钟的时间继续烘烤，至上述状态。

❻ 出炉后可以趁热淋上冰凉的打发鲜奶油或冰激凌一起食用。

point

使用的WECK：WECK 080 ／ 80ml ×6个

意大利提拉米苏

Tiremisu！
意大利文的意思是：带我走吧！
甜蜜柔顺，入口即化的马斯卡彭奶酪中，
隐隐透出微苦的咖啡酒香，
是不是正像情人之间，
又甜又苦的爱恋呢？
这一道不需要烤箱就可以完成的经典甜点，
非常适合刚入门的学习者。
自家制作，可以不计成本的使用真材实料，
简单的制作过程就能做出比市售更地道的滋味，
不论是使用大尺寸的玻璃罐，
与家人、朋友一起分享，
或者可爱的小尺寸独享杯，
装在玻璃罐中就是能多引人几分食欲。

材料

马斯卡彭奶酪 … 100g
蛋白 … 1个
蛋黄 … 1个
马尔萨拉酒 … 10ml
咖啡酒 … 20ml
浓缩黑咖啡 … 30ml
鲜奶油 … 100ml
砂糖 … 35g
手指饼干 … 数条
防潮无糖可可粉 … 适量

做法

1. 取15g砂糖、蛋白放入大碗中用搅拌器低速搅散，先加入1大匙的糖搅散后，将剩下的糖分成两次加入继续打，直到完成蛋白霜为止，完成后可以先冷藏备用。
2. 马斯卡彭乳酪预先在室温下稍微软化，蛋黄与10g的砂糖放进钢盆用搅拌器搅打至蛋黄发白，加入马斯卡彭奶酪和马尔萨酒拌匀。
3. 鲜奶油加10g砂糖打发，拌入做法2中。
4. 把1/3的蛋白霜加入做法3中，轻柔地搅拌，接着再将剩余的蛋白霜加入，用橡皮刮刀轻柔地搅拌均匀。
5. 浓缩黑咖啡30ml和咖啡酒20ml一起倒入小碗中混和。
6. 取WECK 762玻璃罐4个，将做法4的乳酪糊倒入一半，手指饼干切成适合容器的大小，两面略蘸一下做法5的咖啡液（勿湿透），平均铺一层在乳酪糊上，将剩余的乳酪糊倒上去，完全覆盖住手指饼干。
7. 稍微晃动一下容器，使内容物平均，放入冰箱冷藏约半小时以上，食用前撒上防潮可可粉。

point

❶浓缩黑咖啡可以用即溶咖啡取代。
❷鲜奶油须以刚从冰箱冷藏取出的低温及低速搅拌，才能正确打发。

使用的WECK：
WECK 762 ／ 220ml×4个

蜂蜜红酒醋淋水果与马斯卡彭乳酪

这是一道非常随性的意大利式家庭甜点，
如果吃得惯浓郁的乳酪风味，
也可以将马斯卡彭奶酪不加打发鲜奶油，
直接使用，
做出更接近意大利的口味。
用蜂蜜和红酒醋一起熬煮到浓稠，
取代价格昂贵的巴萨米克陈醋，
（冷却后淋在冰激凌上是不可思议的美味！）
也毋须拘泥于食谱中用的莓果类，
喜欢什么水果就加什么，
一层层叠放在玻璃罐中，
舌头还没品尝，视觉就已经先被收买了。

材料

马斯卡彭乳酪 … 200g
鲜奶油 … 50g
红酒醋 … 100ml
蜂蜜 … 15g
草莓 … 15颗
香蕉 … 1根
蓝莓 … 随意

做法

❶ 制作淋酱：红酒醋与蜂蜜一起加入小锅中，熬煮约8 ~ 10分钟，变得浓稠，放凉备用。

❷ 蓝莓与草莓洗净擦干，部分草莓切对半，部分保留整颗，香蕉去皮切片。

❸ 马斯卡彭乳酪在室温下回温5分钟，搅散成糊状，取另一钢盆放入冰凉鲜奶油，以手动搅拌器反复搅拌，打成发泡鲜奶油。打发后，将马斯卡彭乳酪加入拌匀成乳酪糊。

❹ 玻璃罐中以一层乳酪糊、一层水果再淋一匙做法❶的蜂蜜香醋的方式层叠排列，完成后可立即食用。

point

鲜奶油可以使用动物性鲜奶油，风味自然浓郁不腻；鲜奶油须在低温下才能打发，进行打发前再从冰箱取出。夏季室温较高，鲜奶油较难打发，可在钢盆底部垫冰水降温。

使用的WECK：

WECK 744 ／ 580ml ×1个

梅酒水梨冻凝生乳酪蛋糕

这是一道非常适合在夏天品尝的乳酪甜点，滑软生乳酪结合了酸香梅酒与水梨，味道清爽不甜腻，亮晶晶的视觉享受搭配冰凉凉的滑顺口感。不妨发挥您的创意，选择不同的水果，除了梅酒，清爽带甜味的白酒，或单纯的果汁都可以随意搭配，以透明的玻璃罐来呈现，和这道甜点的透明感相得益彰，也省去了脱模的手续！

材料

※蛋糕底

全麦消化饼 … 40g
无盐奶油 … 20g

※果冻

明胶片／粉 … 2.5g
梅酒（或其他淡色果汁）… 100ml
丰水梨 … 1个

※乳酪糊

奶油乳酪 … 120g
原味优格 … 120g
鲜奶油 … 120g
白砂糖 … 50g
柠檬 … 1/2个
明胶片／粉 … 5g

做法

1. 先做饼干底：奶油加热溶化，饼干捣碎，两者混和均匀倒入玻璃罐中，以汤匙背面将饼干屑压平后放进冰箱冷藏备用。
2. 制做乳酪糊：先将明胶片一片片放入冰水中泡软后沥干，加入温热约40℃的鲜奶油中搅拌至溶化；奶油乳酪预先放在室温中软化，或者微波加热亦可。用搅拌器以低速搅拌至糊状，再加入砂糖拌匀，接着挤入柠檬汁与优格一起拌匀，最后将溶有明胶片的鲜奶油缓缓倒入拌匀。
3. 从冰箱取出玻璃罐，将乳酪糊倒入约八分满，再次进冰箱冷藏2小时以上。
4. 制作果冻液：丰水梨切成薄片，泡过薄盐水沥干备用，小碗中先放2大匙冷开水，再将明胶粉多次少量倒入，膨胀后隔水加热溶化和100ml梅酒融合均匀（不喜欢酒味太浓的话可以加些水、糖、柠檬汁稀释）。
5. 将丰水梨片放在表面已凝固的生乳酪蛋糕上，再小心倒入做法④的果冻液避免破坏排列好的形状；再次放进冰箱冷藏1小时左右，完全凝固即可。

point

❶明胶是从动物骨骼或猪皮中提炼的凝胶，属于荤食溶解于液体中，常温下是液态，需低温冷藏才会凝固。
❷使用明胶粉或明胶片的凝固效果相同，使用分量也一样，市售一片明胶片是2.5g。
❸果汁只须加热至微温即可，千万不可沸腾，滚沸的液体会破坏明胶的凝固力。

使用的WECK：
WECK 741／370ml×1个、
WECK 744／580ml ×1个

双色水晶果冻

盛夏溽暑，
一杯透心凉的水果冻，
入口即化，
让干口燥舌瞬间爽快又清凉。
果冻就是这样轻易就能取悦人心的好入门甜点，
完全不需要专业的工具，
只要花些小心思，
一层层耐心注入果汁，镶进水果，
便能呈现出宛如宝石般晶莹剔透的果冻成品。
除了菠萝、木瓜和猕猴桃，因为含有丰富酵素，
可能会影响凝结效果之外，
可以自由选择喜欢的当季水果制作哦！

材料

苹果汁 … 400ml
柳橙汁 … 300ml
柠檬汁 … 半份
明胶粉（或明胶片）… 12g
葡萄柚 … 2 ~ 3个（或其他柑橘类）

做法

1. 葡萄柚去皮，去膜，只取果肉备用。
2. 先做柳橙汁果冻：将6g明胶粉倒入约30ml冷水中，泡水膨胀后再隔水加热让明胶粉彻底溶化，如果有微波炉的话，也可以用微波炉稍微加热全部溶化后倒入柳橙汁中拌匀，先倒一半至玻璃瓶中，放入冰箱冷藏。
3. 再做苹果汁果冻：另外6g明胶粉同做法，苹果汁略加热至微温，将已溶解的明胶粉加入苹果汁中搅拌至完全均匀溶解；从冰箱取出做法②的果冻，在已经凝固的柳橙汁果冻上加些葡萄柚及柳丁果肉，再倒入苹果汁再次放入冰箱冷藏；待第二层的苹果汁凝固后，再倒入剩下的柳橙汁；将较大片的葡萄柚果肉放入，且将部分露出果汁平面，再次冷藏至完全凝固即可食用。

point

❶明胶是从动物骨骼或猪皮中提炼的凝胶，属于荤食溶解于液体中，常温下是液态，需低温冷藏才会凝固。
❷使用明胶粉或明胶片的凝固效果相同，使用分量也一样，市售一片明胶片是2.5g。
❸果汁只须加热至微温即可，千万不可沸腾，滚沸的液体会破坏明胶的凝固力。

使用的WECK：
WECK 762 ／ 220ml ×3个

焙茶奶酪

淡雅茶香与纯白奶酪相映成趣。
为了能呈现较软有弹性的口感，
使用明胶作为凝固剂，
虽然必须冷藏才能凝固，
无法在室温下保存，
但因为使用鲜奶和鲜奶油为原料，
也正好需要冷藏才能保鲜喔！
而吃起来奶香浓郁却不腻的秘诀，
就在于使用成分天然的动物性鲜奶油与三温糖，
鲜奶与鲜奶油的比例可依自己的喜好来调整，
喜欢清爽些，就减少鲜奶油，增加鲜奶的分量，
奶量与明胶的重量70 ∶ 1，
是我最喜欢的黄金比例哦！

材料

鲜奶 … 400ml
鲜奶油 … 300ml
三温糖 … 100g
明胶片（或明胶粉）… 10g
红茶 … 5g

做法

1. 红茶前一晚先以50ml冷开水浸泡萃取。
2. 明胶片放在冰水中泡软，三温糖、鲜奶与鲜奶油在小锅中混合，以小火加热至糖溶化且微温不超过50℃的状态，将泡软的明胶片放入，搅拌至明胶片完全溶解，过筛一次。
3. 缓慢搅拌散热，待整锅液体均匀冷却后再分装至玻璃瓶中，放入冰箱冷藏约2小时可凝固。
4. 食用前将冷泡完成的茶水倒在表面，再装饰几片茶叶即可。

point

使用的WECK：WECK 902 ／ 220ml×4个

Chapter

5 果酱×款款手作厨房

Introduction

果酱，我的第二人生。

在向前公司提出离职申请的那个晚上，我打了个电话给父亲：“爸！我要回家了……”事后想想，阿爸是唯一听到我要从人人称羡的公司离职，却没有任何一句可惜话语的人。或许，就是因为这一份情感的牵系，我就这样离开了新竹，回到自己的家乡。

过去有好长一段时间，因为工作的性质，敲打键盘的双手是用力的，头脑是紧张的。回到台南这些年，彻底的改变了生活形态，用的是温柔的双手与水果相伴、熬煮果酱，对于未来，不再用头脑不停地算计、规划，有的只是对生命的顺从，全然的信任，从心过着有温度的，我的第二人生。

曾经有朋友问过我，现在烘焙这么流行，为什么不顺着这个热潮，反而要做果酱？理由其实很简单，因为我热爱水果！我可以一天没有甜点，但不能一天没有水果！所以，打算先从果酱开始，未来也想把台湾的好水果应用在烘焙点心上，希望能借着自己小小的力量，帮助辛苦的农友们，提升农产的附加价值。

在法国，果酱的制作是一个专业甜点师必备的技能，从挑选食材开始，将果酱的主角——水果，与香草、花朵、香料、酒醋、坚果……等各种食材组合，使其在味道上有丰富的层次，最后的成品——果酱，其实也是一道兼具色香味的甜点，而这创作的过程，十分迷人，总是让我沉醉在其中。

本书所设计的果酱食谱，做法都不会太难，请从中挑选自己喜欢的试着做看看，并在熬煮的过程中，启动您的味觉、嗅觉，充分地感受水果在经过糖渍以及加热之后的变化，最后再填装到玻璃罐中来场视觉飨宴。不论是做来自己品尝，或是与朋友分享手作的心意，都希望您可以在与水果共舞的时光，体验到做果酱的乐趣！

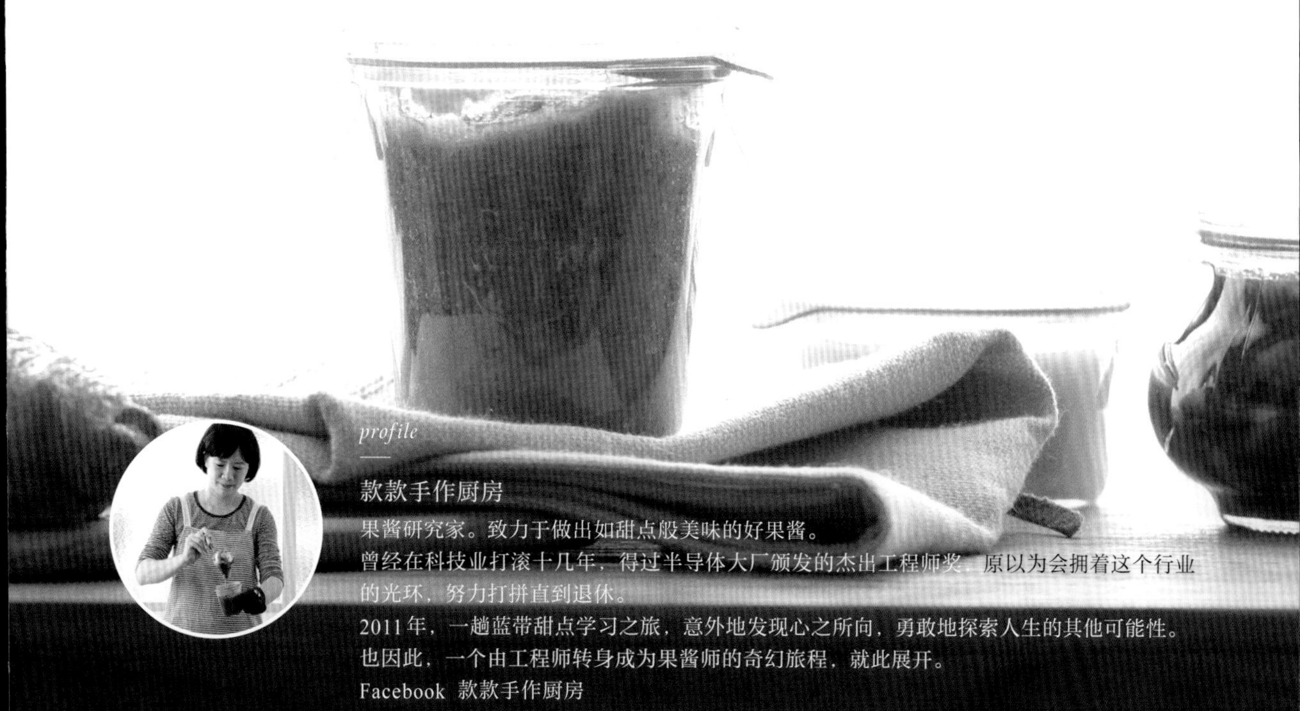

profile

款款手作厨房

果酱研究家。致力于做出如甜点般美味的好果酱。

曾经在科技业打滚十几年，得过半导体大厂颁发的杰出工程师奖，原以为会拥着这个行业的光环，努力打拼直到退休。

2011年，一趟蓝带甜点学习之旅，意外地发现心之所向，勇敢地探索人生的其他可能性。

也因此，一个由工程师转身成为果酱师的奇幻旅程，就此展开。

Facebook 款款手作厨房

百香无花果果酱

第一次尝到新鲜的无花果，是多年前在台北的一家意大利餐厅里，一道只有简单油醋调味的沙拉中，让我对于滋味甜美以及口感特殊的无花果，留下了深刻且美好的印象。后来，在寻找果酱食材的时候，自然而然地就把它放进口袋名单里头了！

无花果含有丰富的膳食纤维，以及许多有益人体的物质。成熟的果实很特别的只有甜味，几乎没有酸味，加了百香果之后，让果酱不会过度甜腻，整体味道也变得更有层次！

无花果现在并不难买，如果遇到，不妨买来试试这款营养又美味的果酱。

材料

无花果 … 500g
冰糖 … 280g
百香果汁 … 200ml
柠檬汁 … 20ml

做法

❶ 轻轻地用水搓洗无花果，切除上头的硬梗，果肉再切成小丁。

❷ 将百香果的果肉挖出，放进食物调理机搅打，再用细网筛将籽过滤，只留下果汁。

❸ 将所有材料放入锅中，搅拌使其均匀混合，静置4小时或冷藏一个晚上，让水果充分地糖渍。

❹ 以中火加热果酱锅至沸腾，之后调整为中小火，过程中须不停地搅拌，捞除浮沫。

❺ 当煮至有黏稠感，且果酱呈现光泽即可熄火，趁热将果酱装瓶封盖。

point

用来做果酱的无花果，以完熟偏软且多汁的果实最为适合，但也因为此种熟度的鲜果不容易保存，购买之后一定要尽早处理制作。

最佳赏味期限：未开封，阴凉处6个月。开封后，冷藏2周内。
使用的WECK：WECK 976 ／ 165 ml

粉红胡椒菠萝果酱

当菠萝季节来临，夏天的脚步也近了。

因为开始做果酱，多了与农民朋友们往来互动的机会，跟着一起关心水果们的生长动态，这才知道原来一颗菠萝自然成熟需要18个月，而且在接近成熟时期，得为它们戴上遮阳帽避免晒伤。

自己喜欢使用在友善环境之下长大的菠萝来做果酱，这样的果实有十足的香气，酸甜度适中，而且果心部分的纤维也比较细致，可以毫不浪费地也一起用来做成果酱。

材料

菠萝 … 600g
苹果 … 300g
冰糖 … 320g
柠檬汁 … 30ml
柠檬皮屑 … 少许
粉红胡椒粒 … 少许

做法

❶ 苹果去皮去核切块。菠萝去皮，纵切成四等份，切下果心后，将果肉分成二等份。

❷ 将苹果、菠萝果心以及其中一份菠萝果肉放进食物调理机打成细碎，剩余一半的菠萝果肉则切成薄片状。

❸ 将上述材料、冰糖、柠檬汁以及柠檬皮屑放入锅中，搅拌使其均匀地混合，静置4小时或冷藏一个晚上，让水果充分地糖渍。

❹ 以中火加热果酱锅至沸腾，之后调整为中小火，过程中须不停地搅拌，捞除浮沫。

❺ 当煮至有黏稠感，加入粉红胡椒粒，搅拌均匀后即可熄火，趁热将果酱装瓶封盖。

point

菠萝属于果胶偏少的水果，为避免果酱煮起来水水的，加一些苹果来补足果胶，煮出来的果酱浓稠度会刚刚好。

最佳赏味期限： 未开封，阴凉处6个月。开封后，冷藏2周内。

使用的WECK： WECK 902 ／ 220 ml

香草番茄果酱

番茄果酱是我第一个做的果酱，也因此开启了我与手工果酱的缘分。

与番茄果酱的相遇，是漫步在京都嵯峨野小径的惊喜！一家小店里贩售着各式各样用京野菜做成的果酱，原本不太感兴趣，但是老板娘殷勤地招呼着要我试吃看看。一尝，哇！这番茄果酱的味道，竟然让人如此惊艳！

几个月后，收到好友自家农场收成的番茄，想念起曾经在京都尝到的美好滋味，为了还原记忆中的味道，开始动手做果酱，没想到这个起头，竟让我就此栽进了甜蜜的果酱世界。

材料

番茄 … 500g
苹果 … 100g
冰糖 … 240g
柠檬汁 … 20ml
巴萨米克香醋 … 15g
香草荚 … 1/2个

做法

❶ 苹果去皮去核切成细末。

❷ 将番茄底部用小刀轻划一个十字，放入滚水中约2分钟，接着浸入冷水降温去皮，将番茄切成约1cm大小的果肉。

❸ 将香草籽自香草荚中刮下，连同豆荚一起与苹果、番茄、冰糖以及柠檬汁放入锅中，搅拌使其均匀地混合，静置4小时或冷藏一个晚上，让水果充分地糖渍。

❹ 以中火加热果酱锅至沸腾，之后调整为中小火，过程中须不停地搅拌，捞除浮沫。

❺ 当煮至有黏稠感，加入巴萨米克香醋，使其再度沸腾即可熄火，趁热将果酱装瓶封盖。

point

在做果酱时加一点醋，除了增添风味之外，也有助于果酱的保存。

最佳赏味期限：未开封，阴凉处6个月。
开封后，冷藏2周内。
使用的WECK：WECK 762 ／ 220 ml

盐花焦糖苹果果酱

制作果酱时，在食材的搭配运用上，有许多的灵感来自于法式甜点，这款果酱是其中之一。

在蓝带甜点课程的第一课，便是学习如何制作焦糖，可见焦糖在法式甜点中的重要性。而苹果有着耐烹调的优点，加上它的风味能与许多食材搭配，因此被广泛地使用在甜点上。知名的法式苹果挞，所用的馅料就是焦糖与苹果的组合。

将这两项很速配的食材用来做成果酱，煮好的苹果，呈现着透亮的焦糖色泽，起锅前再撒上一些法国盐之花，会让风味更有层次！

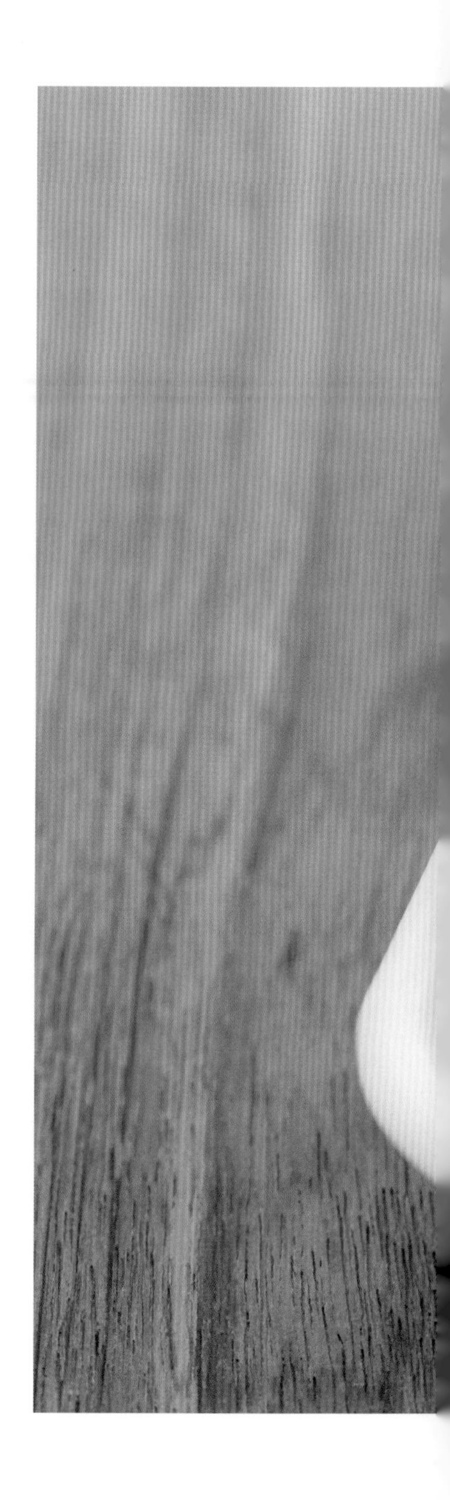

材料

苹果 … 500g
冰糖 … 120g
柠檬汁 … 20ml
法国盐之花 … 1小撮

※焦糖液

细砂糖 … 80g
热水 … 10ml

做法

❶ 苹果去皮去核，取一半放入食物调理机打成泥状，另一半切成0.2cm的薄片。

❷ 将苹果、冰糖以及柠檬汁放入锅中，搅拌使其均匀地混合，静置4小时或冷藏一晚，让水果充分地糖渍。

❸ 取一个锅，分次加入细砂糖，煮至糖完全溶化，呈现焦糖色后熄火，加入热水。

❹ 将做法❷的材料倒进焦糖液的锅里头，以中火加热至沸腾，之后调整为中小火，过程中须不停地搅拌，捞除浮沫。当煮至有黏稠感，且果酱呈现光泽即可熄火。

❺ 将盐之花加入锅中，搅拌均匀，趁热将果酱装瓶封盖。

point

最佳赏味期限：未开封，阴凉处6个月。开封后，冷藏2周内。
使用的WECK：WECK 976 ／ 165 ml

玫瑰草莓凝酱

凝酱是法式果酱的一种特别做法，不使用果肉，只收集果汁的部分来做成凝酱。
但是，并不是每种水果都能做成凝酱，只有果胶含量丰富，像是苹果以及莓果类的水果才能做出此种质地的果酱。然而，1kg的水果，往往只能做出少量的凝酱，所以，每次都会很珍惜，一小小口地品尝它。
这种凝酱的质地很细致且迷人，是我很喜欢的一种果酱制作方法，请试着做看看，你一定也会爱上它！

材料

草莓 … 1000g
冰糖 … 500g
干燥玫瑰花瓣 … 15g
柠檬汁 … 30ml

做法

❶ 草莓去蒂后切成小块，与冰糖及柠檬汁一起放入锅中，搅拌使其均匀地混合，静置4小时或冷藏一个晚上，让水果充分地糖渍。

❷ 以中火加热果酱锅至沸腾，之后调整为中小火轻轻搅拌，捞去浮沫。

❸ 续煮约10分钟左右，加入玫瑰花瓣，再煮2分钟后熄火，盖上锅盖，让玫瑰花瓣的味道完全释放出来，静置约30分钟。

❹ 利用细网筛过滤，以汤匙稍微按压果肉，收集果汁的部分。

❺ 将草莓汁倒入锅中，开中火煮至沸腾，捞去表层的浮沫。当煮至有黏稠感，且果酱呈现光泽即可熄火。

❻ 在果酱瓶中放入两片干燥的玫瑰花瓣，趁热将果酱装瓶封盖。

point

最佳赏味期限：未开封，阴凉处6个月。
开封后，冷藏2周内。
使用的WECK：WECK 900 ／ 290 ml

红玉茶香芭乐果酱

土芭乐的滋味，是儿时记忆的滋味。小时候所吃的水果，不像现在有这么多的选择，土芭乐是常见的其中一种。

土芭乐吃软不吃硬，完熟的果实有着浓郁的香气。但也因为熟果不易保存，没办法像珍珠芭乐可以冰着慢慢吃，所以呢，就用来做成果酱吧！将美好的滋味封存起来，延长水果们的赏味期限。

而曾经被世界红茶专家赞誉有佳的红玉红茶，带着淡淡的肉桂香气，茶汤回甘不苦涩，与红心土芭乐的风味很调和，这两种组合，美味十足！

材料

红心土芭乐 … 600g
冰糖 … 240g
柠檬汁 … 20ml
红玉红茶… 2g

做法

❶ 芭乐切半，将籽挖出后，果肉切成小丁。

❷ 将挖出的芭乐籽以及籽边肉，加少许的水，煮至果肉化开。利用网筛将籽过滤，只保留果肉及果汁的部分。

❸ 将上述材料、冰糖以及柠檬汁一起放入锅中，搅拌使其均匀地混合，静置4小时或冷藏一个晚上，让水果充分地糖渍。

❹ 将茶汤以及少许的茶叶末加入果酱锅，以中火加热至沸腾，之后调整为中小火，过程中须不停地搅拌，捞除浮沫。

❺ 当煮至有黏稠感，且果酱呈现光泽即可熄火，趁热将果酱装瓶封盖。

point

制作果酱的红心土芭乐请选用完熟偏软的果实，香气会最为饱满。芭乐果酱在烹煮时很容易焦锅，而且沸腾时容易喷溅，请特别小心火候，避免烫伤。

最佳赏味期限：未开封，阴凉处6个月。开封后，冷藏2周内。
使用的WECK：WECK 900 ／ 290 ml

柳橙猕猴桃果酱

柑橘是产量很高的水果。除了有全年生产的四季柠檬，从中秋的文旦柚开始，到隔年3、4月出产的香橙，这期间都有各式各样的柑橘类水果产出。

使用柑橘类水果做成的果酱，因为带有清新的果香，除了与面包或优格搭配食用之外；也很适合用来调制饮品，像是果茶、气泡饮；或是混合一些油醋，做成有独特风味的沙拉淋酱。

想为料理来点变化，可以试着将果酱入菜，它会成为您丰富日常餐桌的调味料。

材料

柳橙 … 300g
猕猴桃 … 200g
冰糖 … 200g
柠檬汁 … 20ml
柳丁醋 … 10ml
柳橙及柠檬皮屑 … 少许

做法

❶ 猕猴桃去皮后，切成厚度0.5cm的薄片。

❷ 将柳橙的外皮连同白色的部分切除，从果膜之间将果肉一瓣一瓣地取出，切成小块。

❸ 将上述材料、冰糖、柠檬汁、柳橙及柠檬皮屑放入锅中，搅拌使其均匀地混合，静置4小时或冷藏一个晚上，让水果充分糖渍。

❹ 以中火加热果酱锅至沸腾，之后调整为中小火，过程中须不停地搅拌，捞除浮沫。

❺ 当煮至有黏稠感，加入柳丁醋，使其再度沸腾即可熄火，趁热将果酱装瓶封盖。

point

在制作果酱时，须考虑水果的果胶含量，因为它直接影响了果酱成品的凝胶程度。使用猕猴桃来制作果酱时，请避免选用过熟的果实，除了果胶不足之外，也很容易有发酵味，不建议使用。

最佳赏味期限：未开封，阴凉处6个月。开封后，冷藏2周内。

使用的WECK：

WECK 762 ／ 220 ml

双色果酱——蓝莓与覆盆子果酱

一颗颗小巧、颜色缤纷的莓果，因为果胶含量丰富，轻松地就能达成凝胶的状态，可以说是最容易做成功的果酱。

莓果在经过糖渍以及烹煮的过程中浓缩成果酱之后，滋味会比新鲜的果实更加香甜浓郁，因此经常被用来做成甜点的夹层或是馅料。奥地利著名的传统甜点——林茨塔，就是在塔皮上铺满了一层莓果果酱所做成的甜点，它可是历史相当悠久的甜点，最早的食谱源自于1653年，可说是果酱用于甜点的经典之作。

材料

※蓝莓果酱

蓝莓 … 200g
冰糖 … 80g
柠檬汁 … 15ml
柠檬皮屑 … 少许

※覆盆子果酱

覆盆子 … 300g
冰糖 … 120g
柠檬汁 … 15ml
柠檬皮屑 … 少许

做法

❶ 将蓝莓果酱的所有材料放入锅中，搅拌使其均匀混合，静置4小时或冷藏一个晚上，让水果充分地糖渍。

❷ 将覆盆子果酱的所有材料放入锅中，搅拌使其均匀地混合，静置4小时或冷藏一个晚上，让水果充分糖渍。

❸ 制作覆盆子果酱，以中火加热果酱锅至沸腾，之后调整为中小火，过程中须不停地搅拌，捞除浮沫。当煮至有黏稠感，即可熄火，将覆盆子果酱倒进玻璃罐约2/3的位置，暂时盖上瓶盖，不扣紧。

❹ 制作蓝莓果酱，以中火加热果酱锅至沸腾，之后调整为中小火，过程中须不停地搅拌，捞除浮沫。当煮至有黏稠感，即可熄火，将蓝莓果酱倒进做法❸的玻璃罐后封盖。

point

为了可以长时间保存，使用与水果等比的糖，是欧洲国家制作果酱的标准，但近年来因为健康意识的提高，减糖版的果酱反而让更多人喜爱。本书配方中的用糖量大约是水果的40%，若想调整用糖比例，则需要注意，糖是天然的防腐剂，放的愈少，保存期限就愈短。

最佳赏味期限：未开封，阴凉处6个月。开封后，冷藏2周内。

使用的WECK：

WECK 900 ／ 290 ml

双色果酱——蔓越莓与芳香万寿菊苹果果酱

在自家的小阳台，种植着一些香草植物，每天早上为它们浇水时，喜欢用手轻拂叶子，嗅着香草的气味，心情会很愉悦。

芳香万寿菊是我很喜欢的香草，除了因为它很好种植之外，主要是喜欢它闻起来有甜甜的香气，用来泡茶或是为果酱调味都很适合。

做上一瓶带有天然花草香的果酱，毋庸置疑，绝对有人工香料所比不上的雅致及芬芳！

材料

※蔓越莓果酱

蔓越莓 … 300g
冰糖 … 150g
柠檬汁 … 15ml
柠檬皮屑 … 少许

※芳香万寿菊苹果果酱

苹果 … 300g
冰糖 … 120g
柠檬汁 … 15ml
芳香万寿菊（干燥）… 少许

做法

❶ 将蔓越莓果酱的所有材料放入锅中，搅拌使其均匀混合，静置4小时或冷藏一个晚上，让水果充分地糖渍。

❷ 苹果去皮去核，放入食物调理机打成泥状后，与其他材料一起放入锅中，搅拌使其均匀地混合，静置4小时或冷藏一个晚上，让水果充分地糖渍。

❸ 制作蔓越莓果酱，以中火加热果酱锅至沸腾，之后调整为中小火，过程中须不停地搅拌，捞除浮沫，当煮至有黏稠感即可熄火，将果酱倒进玻璃瓶约1/2的位置，暂时盖上瓶盖，不扣紧。

❹ 以中火加热苹果果酱锅至沸腾，之后调整为中小火，过程中须不停地搅拌，捞除浮沫，当煮至有黏稠感，果酱呈现光泽即可熄火，将果酱倒进做法❸的玻璃罐后封盖。

point

使用干燥或是新鲜花草时，加入果酱锅的时机是不同的。干燥香草要在一开始就加入，味道可以释放出来，新鲜的香草则是在起锅前才加入，但一定要经过再次煮沸才能熄火装罐，以免果酱发霉变质。

最佳赏味期限：未开封，阴凉处6个月。开封后，冷藏2周内。

使用的WECK：WECK 762 ／ 220 ml

圣诞节水果干果酱

在欧洲国家的圣诞节来临时，会使用各种水果干，加上温暖的辛香料做成果酱。
因为支持从产地到餐桌的理念，也是真心的喜欢台湾这片土地，台湾本产的食材经常是自己在制作果酱的首选。因此，我修改了一份国外的食谱，将其换成台湾的水果干，果真是在同一片土地上生养出来的果实呢！做出来的果酱味道非但不冲突，尝起来还不赖！而且，这是一款适合久放，愈陈愈香的果酱。
谨以这款丰盛且缤纷的台湾水果干果酱，向我敬爱的农民朋友们致敬。

材料

梨 … 150g
苹果 … 150g
综合果干 … 100g
（关庙凤梨、玉井杧果、金峰洛神、芬园荔枝）
柳橙汁 … 200ml
冰糖 … 200g
柠檬汁 … 20ml
柠檬皮屑 … 少许
肉桂粉…1小撮
红酒…30ml
松子（烘焙过）…30g

做法

❶ 将果干切成0.5cm大小，浸泡于柳橙汁中，置于冰箱一个晚上。

❷ 苹果与梨去皮去核之后，切成0.5cm小丁。

❸ 将上述材料、冰糖、柠檬汁、柠檬皮屑以及肉桂粉放入锅中，搅拌使其均匀地混合，静置4小时或冷藏一个晚上，让水果充分地糖渍。

❹ 以中火加热果酱锅至沸腾，之后调整为中小火，过程中须不停地搅拌，捞除浮沫。

❺ 当煮至有黏稠感，加入松子以及红酒使其再度沸腾即可熄火，趁热将果酱装瓶封盖。

point

可以选择自己喜欢的果干来制作此款果酱，但需要注意的是果干的甜度，若使用的是制作过程有加糖的果干，配方中的糖则需要减少一些。

最佳赏味期限：未开封，阴凉处6个月。开封后，冷藏2周内。
使用的WECK：WECK 902 ／ 220 ml

月桂橙香地瓜抹酱

地瓜是家里常备的根茎类蔬菜，在煮饭或是煮粥时，喜欢加些地瓜在里头，等到饭煮好时，整个厨房会同时有着米饭香以及地瓜香，对我来说，这是待在厨房里的一大享受，因为它弥漫着幸福的味道。

在地瓜抹酱里加点月桂叶，除了增加清新香气，也借助月桂叶有祛退胀气的功效，让肠胃比较敏感的人，不容易在食用地瓜后产生胀气不适的现象。

材料

地瓜 … 500g
水 … 400g
柳橙汁 … 160ml
月桂叶 … 2片
冰糖 … 200g
海盐 … 1小撮

做法

❶ 地瓜削皮后切成薄片，浸水冲洗两次，将表面的淀粉洗去。

❷ 将地瓜片加水放进锅中，开中火煮到地瓜变软后熄火。将锅子里的水倒掉，地瓜捣成泥状。

❸ 地瓜泥与其他材料放入锅中，以小火煮沸，同时不停地搅拌。

❹ 当煮至有黏稠感即可熄火，取出月桂叶，趁热将抹酱装瓶封盖。

point

最佳赏味期限：未开封，阴凉处3个月。开封后，冷藏1周内。
使用的WECK：WECK 976 ／ 165 ml

香草栗子牛奶抹酱

许多人跟栗子的第一次接触都是糖炒栗子，但栗子本身就有淡淡的甜味，简单的蒸煮其实也很美味。

将蒸好的栗子加上牛奶做成抹酱，除了可以用来抹面包之外，也很适合加到黑咖啡中，取代糖跟奶精的使用。一杯充满栗子香气的咖啡，很香甜的，是属于秋天的好滋味！

材料

鲜奶 … 600g
生栗子（去壳）… 120g
香草荚 … 1/2个
冰糖 … 120g
海盐…1小撮

做法

❶ 栗子用电锅蒸熟后，再用食物调理机打成细碎。

❷ 将香草籽自香草荚中刮下，连同豆荚一起将所有材料放入锅中，以中小火煮沸，同时不停地搅拌。

❸ 当煮至有黏稠感即可熄火，趁热将抹酱装瓶封盖。

point

去壳的生栗子先经过低温冷冻，再稍微解冻之后，大约只需要15分钟的时间就可以将栗子蒸熟！

最佳赏味期限：未开封，冷藏3个月。开封后，冷藏1周内。

使用的WECK：WECK 902 ／ 220 ml

WECK

WECK
WECK

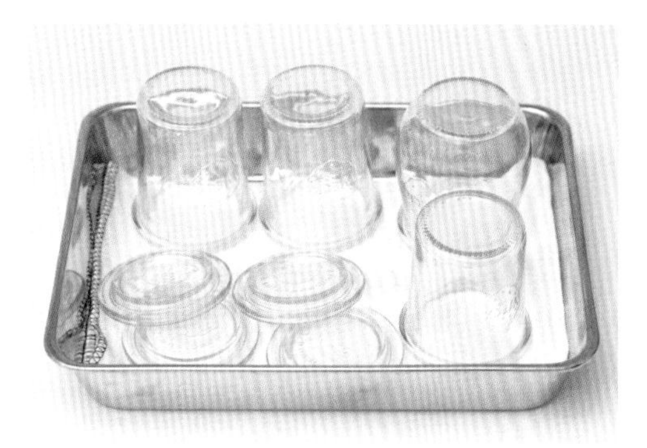

果酱瓶消毒方式

❶ 将瓶子与瓶盖洗净，放入锅中，加入可以盖过瓶子的水，开火加热至沸腾后转成小火，续煮约10分钟后熄火。

❷ 将瓶子与瓶盖取出，倒放在干净的布上，使其完全干燥。

果酱瓶充分脱气，可让果酱获得良好的保存

❶ 将封盖的果酱瓶放入装满热水的锅中，热水的温度不可低于60℃，而且高度须盖过瓶子至少5cm。

❷ 开火加热至沸腾后转成小火，续煮约10分钟后熄火，取出瓶子，待其自然冷却即完成脱气真空状态。

果酱开罐方式

将金属扣取下之后，向外拉出红色橡胶圈的三角舌，便可轻易地将瓶盖打开。

图书在版编目（CIP）数据

玻璃罐料理 / 许凯伦等著；王正毅摄影. -- 北京：
北京联合出版公司, 2016.8
ISBN 978-7-5502-7656-7

Ⅰ. ①玻… Ⅱ. ①许… ②王… Ⅲ. ①食谱 Ⅳ.
①TS972.12

中国版本图书馆CIP数据核字(2016)第082756号

著作权合同登记号：图字01-2015-8447

玻璃罐料理

作　　者： 许凯伦、爱米雷、欧芙蕾、水瓶、款款手作厨房 / 著
王正毅 / 摄影
选题策划： 北京慢半拍文化有限公司
责任编辑： 管文
封面制作： 仙境设计
版式制作： 北京水长流

北京联合出版公司出版
（北京市西城区德外大街83号楼9层　100088）
北京山华苑印刷有限责任公司印刷　新华书店经销
字数200千字　787毫米 × 1092毫米　1/16　9印张
2016年8月第1版　2016年8月第1次印刷
ISBN 978-7-5502-7656-7
定　　价： 39.80元

本书使用的全部是德国WECK玻璃罐，
您也可以根据自身情况使用其他玻璃罐。

JARS RECIPES